減塑生活

How to Give Up Plastic?

A Guide to Changing the World,
One Plastic Bottle at a Time

與塑膠和平分手，
為海洋生物找回無塑藍海

英國綠色和平組織海洋專案負責人
威爾・麥卡拉姆 Will McCallum ｜ 著
王念慈 ｜ 譯

致世界各地

每天都在為這股塑膠汙染浪潮奮戰的每一個你，

希望這本書能對你們有些幫助，

繼續帶著滿滿的能量，在這場戰鬥中前行。

RECOMMENDATION

各方推薦

「面對繼氣候災難之後的海洋塑膠危機，我們該如何採取行動？這本書提供系統性的方法，讓你我一起創造改變、站在減塑最前線。」

——財團法人綠色和平基金會

「從生活中減塑，無塑藍海的美景就在前方。」

——荒野保護協會第九屆理事長　劉月梅

「創造與毀滅往往是一體的兩面。塑膠製品大量生產廣推尚不到百年的時間，卻可能成為遺留在自然環境裡數百年以上的餘毒；然而所有的『材質』都是中性的，如何被使用才是關鍵。

本書從每個人的行為改變提出行動指南，讓生活中的減塑從消費選擇開始，從現在起就為海洋養成好習慣吧！」

——黑潮海洋文教基金會執行長　張卉君

「呼應本書作者推動的減塑生活，政府部門的確責無旁貸。這幾年新北市推出『環保兩用袋』、『袋袋相傳 reBAG 平台』、『不塑之客友善店家』、『新北 Ucup』……等，努力讓市民朋友減少使用一次性塑膠製品。環保和教育一樣，都是在做未來的事，期待有更多人關注環境議題，使環保行動成為必然的生活習慣。」

——新北市政府環境保護局局長　劉和然

目錄 CONTENTS

PREFACE

自序

就跟近代其他環境議題一樣，海洋和環境裡的塑膠汙染問題已經擴張成一種公眾意識（public consciousness）。大衛・艾登堡賣座的自然紀錄片《藍色星球2》（*Blue Planet II*），就讓全球上千萬人口親眼目睹了信天翁將塑膠碎屑誤認為食物，餵食給雛鳥的震驚場面。我們每個人一定都有這樣的經驗：漫步在某個美麗的小徑上，然後發現路上或路邊出現了一塊或一堆的塑膠廢棄物，破壞了整個環境的美好。目前科學界已著手了解塑膠汙染對大環境的衝擊，並試圖找出防止衝擊擴大的對策——雖然一切都還在初步階段，但我們越了解這個問題對環境的深遠危害，就越想積極地為此展開行動。

這些年，我在反塑膠活動裡，最常被問到的問題就是：「我能做些什麼來改善我們的環境？」《減塑生活》正是以這個問題出發，提供你各種減塑所需知識，讓你與日常生活中的塑膠和平分手。當然，我絕對不可能透過這本書區區幾頁的內容，道盡所有可以取代塑膠製品的其他選項，況且近代的科技日新月異，說不定就在我寫完這本書的幾個月之後，市面上又會出現許多不同的新選項；所以，我在書中也附上了不少資訊來源，方便你了解本書未提及的其他塑膠替代產品。同時，本書也會向你揭露了大量與塑膠汙染有關的事實，並告訴你說服其他人（包括朋友、家人、同事、當地企業和政治人物等）加入這場反塑膠運動的方法，讓他們與你一起共創一個不再有塑膠汙染的未來。

在書中我所提及的塑膠大多是指「一次性塑膠」，即：用過一次就會被丟棄，卻需花好幾個世紀才會分解的塑膠製品，諸如塑膠袋、吸管、咖啡杯和塑膠包裝等，皆屬於一次性塑膠。我之所以會把重點放在這些塑膠製品上，是因為它們對全球海洋環境的衝擊日益嚴重，而且它們也是每個人最能從日常生活中減量的塑膠製品。除此之外，就我個人之見，我認為一次性塑膠才是整個塑膠汙染的癥結所在。我要強調的並不是塑膠這種材料本身不好，因為它確實具備便宜、可塑性高的特性，對醫療上的幫助更是非常大；我真正要大家正視的問題是，我們因一次性塑膠製品所衍生出的「拋棄式文化」——不論是對整個社會或是海洋而言，這都是一種不健康的文化。此刻，如果本書能發揮一點拋磚引玉的功能，讓這場在海洋中蔓延的塑膠危機出現一道曙光，或許我們就有機會打斷這股不斷入侵海洋的惡勢力，找回清澈藍海。

最後，我還必須提醒一點，塑膠對某些人的生活確實有其必要性。比方說，有的人可能不方便直接以口就杯喝水，必須靠吸管才可喝水；或是某些人居住的地方並非打開水龍頭就有潔淨的水可喝，必須飲用瓶裝水——這些情況有時候都會成為使用一次性塑膠的合理原因。列出這些特例，就是希望大家在要求他人與塑膠分手之際，務必要先充分了解對方的處境，而非馬上指責別人的作為。然而，對政府和企業而言，他們就不該以任何藉口迴避這個問題，放棄任何尋找塑膠替代品的行動和研究。我在第一四五頁節錄了吉米．辛克儀克（Jamie Szymkowiak）針對反塑膠運動所寫的文字，他是提倡身障者權益組織「五分之一」（One in Five）的創辦人，他所說的這段話，正是我們面對塑膠該有的態度。塑膠在我們的生活中已無所不在，若想要成功讓它們從我們的日常生活中退場，必定需要集結來自各方的眾人之力，投入這場革命。

INTRODUCTION

前言

「可以跟你借點時間嗎？來看看這個。」

我們綠色和平組織破冰船「極地曙光號」（Arctic Sunrise）上的生物保全員格蘭特．奧克斯（Grant Oakes）匆匆將我叫出食堂，帶我走向艦上設置的臨時實驗室。當他走進實驗室，坐在顯微鏡前，轉動顯微鏡鏡頭下的培養皿時，我才注意到培養皿裡的東西──一塊硬質、亮粉色的鋸齒狀碎片，從它的外觀就可以明顯看出它不是一個天然的物質。這是我們在航行時打撈到的東西，打算下個月上岸後，把它帶到我們位在艾希特大學的實驗室檢驗，看看它是不是塑膠。不過此刻在顯微鏡前，我和幾位同事輪流檢視這塊碎片的樣貌，除了塑膠，我們實在是很難想出它還能是什麼東西。看來，這次航行我們首次在這片純淨的南極洋發現了塑膠入侵的蹤跡

（幾週之後，檢驗的結果顯示，我們在距離人類居住地數百英里外的水域裡，發現了兩片塑膠碎片）。

艦上的夥伴在發現這塊疑似塑膠的碎片時，並沒有感到太意外；事實上，我們甚至早就料想到了這個結果。自一九九〇年代中期，綠色和平的艦隊就一直有在觀測海洋裡的塑膠汙染狀況，而過去幾年，我們在每一個海域航行，用拖網打撈到的塑膠量已有越來越多的趨勢。用第二種拖網（manta trawl）這種網口約一公尺寬的細網打撈海洋裡的塑膠，已成為綠色和平的三艘船艦出海時的例行公事。在此之前，科學家就曾在北極的凍原和海洋最深的壕溝裡發現過塑膠的蹤跡，或者該說，他們早就已在他們採樣的每一個地方發現過塑膠的蹤跡，所以，如果現在我們在位處世界底端的南極打撈到了塑膠，又有什麼好意外的，即便此處沒有什麼人跡。

我們現在已經在這片海域航行了快兩個月。此行與我們一起工作的夥伴有科學家、新聞工作者和名人，我們希望藉由他們的力量，喚醒大眾需要挺身保護這片大地的意識。這趟航行我體驗到了前所未見的景致——雖然多數時候，眼前的視野都被濃霧遮蔽，但雲霧偶爾散開的時候，周圍壯觀的山峰和冰川淌流入海的畫面就會映入眼簾。在船上，我們最常談論的話題就是這片壯闊景觀裡，令人難以置信的豐富物種，因為我們的四周時時刻刻都環繞著各種野生動物。只要你盯著水面一段時間，幾乎就一定會看到座頭鯨的尾鰭從水面劃過，或是在巨大浮冰交錯的水域之間，看到一小群企鵝從水面竄出。然而，現在就連這些蘊含大量野生動物、杳無人跡的寒冷水域，也開始受到來自世界各地的塑膠製品汙染，這一點實在值得我們好好省思。

其實，即便你沒有來南極一趟，也可以從生活中體會到這個嚴肅的結論。我跟每一個人談論到這個議題的時候，大家腦中一定或多或少都會想起自己親眼目睹，天然美景被塑膠廢棄物侵吞的真實畫面。因為在造訪我們最愛的海灘或漫步河岸的時候，我們幾乎一定會看到水面載浮載沉地漂蕩著些許塑膠垃圾。塑膠汙染就是這麼一個令多數人心有戚戚焉的問題，因為它每一天都在影響著我們的生活環境。你可以在小報的頭版上看到政治人物在國會大廈裡，針對此議題發表的長篇大論，也可以看到各界名人為主打友善環境的產品背書，抑或是一般家庭為了減少生活中的塑膠用量採取的各種行動；總之，當前每一個人最迫切的目標就是找到一個對策，防堵這股塑膠浪潮繼續流入我們的大海。

世界各地的民眾都已紛紛意識到我們目前身處的荒謬處境：我們費盡心力創造了一種材料，並以令人無法置信的規模大量使用它，可是，我們竟然完全不曉得往後該如何處置它們。一次性的塑膠餐具、塑膠袋和內襯塑膠淋膜的咖啡杯，早就占據了我們生活中的一大部分——它們只會被我們使用短短的數分鐘，卻長達數百年都無法分解。這樣的行徑絕對不能再持續下去，因為此舉會讓我們債留子孫，到了二〇五〇年，海洋裡的塑膠總重，甚至會比生存在裡頭的魚群總重還重。這個驚人的數據，加上眾人對過度包裝和濫用塑膠製品的不滿，終於讓全球各地陸續發起反塑膠運動，打算以實際的作為來解決這個問題，而不再只是紙上談兵。

這本書就是為那些想要採取行動，但不曉得該從何下手的人而寫。面對這種大規模的問題，一時之間你恐怕很難定位自己的角色，也很可能不太清楚自己是否真的能讓這一切有所不同。我絕對不是自以為無所不知，可以解答你在這方面的所有疑難雜症，相反地，我知道自己在這方面仍有許多需要精進的地方；只不過這些年來我持續投身減塑運動，與大家討論這方面的體會，並周旋於企業和政治人物之間，協商他們可以為這個問題採取的行動，對如何減塑也算是小有心得，因此才將這些經驗編寫成冊，希望能藉此幫助你成為終結這場海洋塑膠危機的一員。小從自家廚房的櫥櫃，大至跨國公司的會議室，這場阻擋塑膠汙染繼續蔓延的運動，需要你我的齊心戮力、盡心盡力，方能讓塑膠製品不再出現在我們的家庭、工作場所和生活圈中。

如果你問我，看完這本書你一定要明白的理念是什麼，我會告訴你，你必須了解到：塑膠汙染是一個會影響到全人類的問題，所以在這場反塑膠運動中，我們每一個人除了要善盡自己的責任外，更必須團結合作，共同承擔這項重責大任。就個人而言，雖然我們可以透過改變自己的行為和盡量少用塑膠製品，減少塑膠的整體使用量，但若我們可以集結眾人之力、相互合作，我們還能做到更多事情。不要獨善其身，請把這份理念分享給你的朋友、同事甚至是社群媒體，此舉不僅能夠放大你的行動力，更能為整個社會帶來更大的影響力。如果可以，你最好還要與你生活圈裡的其他夥伴聯手，將你們的訴求清楚傳達給那些在政界或商界更具權威的人物，因為這或許是我們最有機會讓世界不再遭受塑膠汙染的方法。

塑膠汙染是一個會影響全人類的問題，所以在這場反塑膠運動中，我們每一個人除了要善盡自己的責任，更必須團結合作，共同承擔這項重責大任。

我與塑膠分手的五大步驟

假如你在看完前言後，就無法再繼續往下看——或許是你把這本書搞丟了，又或許是你沒有時間詳讀整本書的內容——那麼秉持著這本書的實用精神，我特地在本書的一開頭，就先列出了我與塑膠分手的五大步驟，不論是誰、身處在什麼環境下，都可以藉由下列的五大步驟與日常生活中的塑膠和平分手。

❶ **採買無塑生活小道具**。誰會想到一本談論該如何與塑膠分手、減少日常廢棄量的書，要我們做的第一件事竟然是買一些東西？想要展開無塑生活，有幾件物品你非有不可，包括：一個精巧的水瓶、一個可重複使用的咖啡杯、一

個購物用的大手提袋（甚至是後背包也無所謂）、一個便當盒，還有數個保存廚房食材的容器。

❷ **為無塑生活進行大掃除。**從你的浴廁開始，再一路清掃到你的臥房和廚房。看看你化妝品背面的成分表，確認它們不含任何塑膠微珠；清空你櫥櫃裡的一次性塑膠餐具和吸管。不知道該怎麼處理這些東西？你永遠都可以將這些東西送回你原本購買的店家，然後告訴他們，你的家裡再也不歡迎這類一次性塑膠產品。

❸ **推廣一些無塑生活的理念。**比起書裡和電視裡說的話，我們大多會比較容易接受親朋好友給予的意見。把這些隨手可做的減塑小技巧，分享給你的親朋好友（你甚至可以直接把這本書送給他們），讓他們了解到，擁抱無塑生活比他們想像的容易許多，而且我們的每一點小改變，都可以對整個環境有所幫助。

❹ **為無塑生活擬定一些計畫。**老實說，與塑膠分手確實需要擬定一些計畫。找個下雨天，坐下來好好想想，你附近已經有哪些店家開始減少塑膠的使用量。你家附近有裸賣蔬果的蔬果攤嗎？如果你公司附近只有速食餐廳，請你花一點時間先為自己準備好一週的午餐便當。開始規劃你的無塑日常，並將它們註記在你的行事曆上。

❺ **展開你自己的無塑運動。**在你家附近的街坊走動，觀察有哪些商家過度使用塑膠製品，又有哪些店家的塑膠使用量位居各店之首。與店家老闆談談，讓他們了解自己可以做些什麼減少塑膠的使用量。問問他們為什麼只使用塑膠餐具和一次性的咖啡杯？他們有考慮過將塑膠餐盤換成紙製餐盤嗎？邀請你的朋友加入你的行列，跟你一起要求這些商家改變他們販售商品的方式——別忘了，店家都是以客為尊！

1
反塑膠之戰的概況

禁用塑膠微珠

幾年前根本沒有人想得到，這個世界竟然會對微小的塑膠球發出強烈的禁令。多數人，包括我在內，都不曾聽過「塑膠微珠」（microbeads）這個名詞。「塑膠微珠」是一種直徑小於五公厘的微小塑膠顆粒，許多居家用品都有偷偷添加這類物質，它們小到會直接流入排水管，連汙水處理廠都無法有效攔截，但廠商在添加它們的時候，卻不曾想過這些微珠最終會流往何方。直至二〇一三年十二月，一份新發表的研究報告才揭露了塑膠汙染對北美五大湖（Great Lakes of Canada and the United States of America）的衝擊。該研究指出，五大湖中面積最小的安大略湖，估計每平方公里就含有一一〇萬顆塑膠微珠。

該報告發表後，群眾立刻發起了反塑膠微珠的運動，美國國會也在兩年內通過了多項產品禁用塑膠微珠的禁令（但沒有到全面禁用還是讓人有點遺憾）。北美五大湖不僅橫跨美、加兩國，提供了全世界超過五分之一的商用和家用淡水，同時還是美國最具代表性的度假景點之一，所以美國前總統歐巴馬（Barack Obama）利用這個五大湖受汙染的事實，推動禁用塑膠微珠的政策，不只可以保障他們的水源不受汙染，更可消弭兩國在政治立場上的分歧。美國通過塑膠微珠禁令的政策很快就傳到了英國，傳到了我們這些致力守護全球海洋環境的工作者耳中，儘管我們對他們的塑膠微珠議題還不是那麼清楚，但是就在我們聽聞這個消息的那一刻，我們就考慮將這項議題列入我們組織的新年專案，力求英國也能設立相同的禁令。畢竟歐巴馬政府都可以做到禁用這些微小塑膠球了，我們政府又有什麼理由做不到？

當然，美國的這項禁令絕非世界對抗塑膠汙染的第一個行動，也非最令人印象深刻的一項舉措。早在二〇〇二年，孟加拉就成為全球第一個向塑膠宣戰的國家，全國嚴格禁用塑膠袋，因為該國在即將邁入二十一世紀時，發生了一場大水患，而該水患正是大量塑膠袋堵塞排水系統所致（不過由於塑膠實在是太難分解了，所以即便是到今日，塑膠袋依舊對孟加拉的環境造成不少大麻煩）。其他像是美國環保人士安妮・雷納德（Annie Leonard）所製作的《東西的故事》（*The Story of Stuff*）系列影片，在網路上更是被瘋狂轉載，成功讓大家看見人類使用一次性塑膠所造成的荒謬後果。二〇一三年秋天，在海洋保育協會（Marine Conservation Society，MCS）等反塑膠團體不斷推動塑膠袋收費理念後，當時的英國副首相尼克・克萊格（Nick Clegg）終於宣布，未來全國大型商店若提供塑膠袋，須向顧客索取五便士的費用——爾後此政策也會逐步擴及其他較小型的商家，預估可大幅減少全國85％的塑膠袋使用量。反塑膠的聲勢已在世界各地掀起浪潮，不論是撒哈拉沙漠以南的非洲地區，或是北美舊金山等地，皆有人紛紛投入反塑膠運動的行列。

二〇一六年一月，英國綠色和平組織發起了一項「反塑膠微珠」的請願活動，並迅速與其他組織聯盟，一起推動這個議題——與我們聯盟的單位包括海洋保育協會、國際野生動植物保育組織（Fauna&FloraInternational）和環境調查機構（Environmental Investigation Agency）。一開始我們完全無法預料這場請願活動會帶來多少的迴響，但很快地，有成千上萬的民眾參與了這項請願活動，在我們的「反塑膠微珠」請願書上簽下了他們的姓名，就連《每日郵報》（*Daily Mail*）也在頭版刊登我們的請願活動，還有許多名人朋友大力支持這份連署。透過我們的「反塑膠微珠」請願活動，原本對塑膠汙染積怨已久的民眾，更是對市面上販售的這些塑膠微珠產品深感不滿；身為消費者，他們覺得自己被愚弄了，因為他們根本不曉得這些洗面乳裡成千上萬顆的塑膠微珠，最終會流入大海，汙染整個環境生態。

對一個反塑膠運動者而言，群眾這樣的熱情響應是一份大禮——我們對某部分的塑膠汙染問題提出了一個簡單的解決方案，更棒的是，這個理念還獲得廣大民眾的支持。當時我們所需要做的，就是將民眾的這股憤慨引導至對的方向，盡可能讓相關政策執行者聽到這股來自群眾的聲量，促使政府有所作為；同時，我們也與聯盟的夥伴持續蒐羅更多的證據，證明我們為什麼需要明文禁止使用塑膠微珠，還有法律上應該如何訂定這類的禁令；並且鼓勵各家企業自發性地停止販售各類含塑膠微珠的產品。然而，沒多久眾人就會發現，在面對龐大的塑膠汙染問題時，禁用塑膠微珠這項舉措，解決的只不過是這個問題的冰山一角。那時候我每天到辦公室，打開收件匣，都會看到一大堆人詢問我或是建議我，還有哪些方法可以幫助我們與塑膠和平分手。

讓塑膠瓶成為過去式

於是開啟反塑膠運動的大門後，我們又開始思考要如何將這項運動發揚光大，後來我們鎖定了下一步探討的另外兩個方向。首先是，海洋裡的塑膠都是從哪裡來的？其次則是，綠色和平在阻止這些塑膠流入大海方面，可以採取哪些行動，好發揮最大的影響力？綠色和平是一個以行動派聞名的環保組織，站在第一線呼籲民眾對身邊受到破壞的環境做點事情，是我們最常扮演的角色。經由禁用塑膠微珠的請願，我們有幸成為這場反塑膠運動的領頭羊，推動眾人一起投身這場對抗塑膠的革命。為了找出回覆眾人疑問和建議的答案——從科學家和企業的CEO，到綠色和平的支持者和新聞工作者——我們查找了很多資料，卻很快地發現，儘管塑膠汙染問題的規模龐大，但顯然相較於其他環境問題，這個議題還是一個相當新穎的領域，所以當時學界並沒有發表多少這方面的研究資料。我們針對海鮮含微塑膠的問題撰寫文獻回顧（literature review）時更發現，這方面的研究到近幾年才發表的比較多，而且光是近兩年的研究發表篇數，就超過過去三十年的總量。因此，從這裡我們也可以了解到，阻止塑膠汙染的反塑膠運動絕對不會是一個短期的環保計畫；假如我們想要徹底改變這個現狀，就必定要有花好幾年時間長期抗戰的心理準備。

有了這樣的開端，後續我們該如何努力呢？美國海洋保護協會（Ocean Conservancy）每年都會在世界各地舉辦國際淨灘活動，並將淨灘後的相關資訊彙整成一份報告；這項活動每年都有上百個國家、超過五十萬人次響應，參與者會在制式的表格上，記錄下他們在當地海灘蒐集到的垃圾種類，方便海洋保護協會統整。透過這份報告，你可以看出最常出沒在海灘的垃圾種類和海岸環境的概況。截至目前為止，該份報告每年彙整出的結果都大致相同：菸屁股是每年淨灘活動中撿到最多的垃圾種類，每年都會占淨灘垃圾總量的五分之一以上，但塑膠瓶和塑膠瓶蓋的數量也不遑多讓，每年它們的數量都會擠進前五名的位置——如果把兩者加總在一起，它們還可以奪下第一名的寶座。就我同事所做的研究來看，在訪談大量民眾，了解他們會將塑膠汙染歸咎於哪種塑膠製品後，我們發現民眾都會義憤填膺地把矛頭指向塑膠瓶。換句話說，本質上我們都明白，買一罐水或碳酸飲料是多麼荒謬的行為，因為盛裝這些液體的完好容器，在使用一次後就會被我們丟棄，產生無謂的塑膠垃圾，但，單單就英國，我們每天還是會使用三千五百萬個塑膠瓶。

英國人每年大約會丟棄一百三十億個塑膠瓶，這當中，只有不到一半會被回收利用。可口可樂，世界最大的飲料製造商，每年約會產出一千兩百億瓶以上的塑膠瓶裝汽水——如果你把這些塑膠瓶頭尾相連地排列起來，它們甚至可以環繞地球近七百圈。這也難怪最終會有這麼多塑膠瓶出現在我們的河川、我們的海灘和我們的大海。假如綠色和平想要將反塑膠運動發揚光大，塑膠瓶絕對是我們著手努力的下一個目標。

英國人每天大約會丟棄三千五百萬個塑膠瓶，這當中，只有不到一半會被回收利用。

我們該如何處置這種無所不在的塑膠製品呢？當務之急，是要想辦法減少它們的使用量。我們真的不能再像現在這樣廣泛使用塑膠製品，因為目前世界根本沒有任何廢棄物處理或回收系統，有辦法消化我們所產出的龐大垃圾量。大量使用塑膠瓶的企業，更必須開始去尋找讓我們遠離一次性塑膠容器的對策，比方說，他們可以考慮用飲料機搭配可重複裝填和使用的瓶子來販售飲品。另外，或許我們也可以試著去尋找一些取代塑膠的材料，但由於不論是哪種材料，一旦被如此大量應用，多多少少都會對整體環境造成某種程度的負面影響，所以基本上我們還是比較偏好企業改變產品的運輸、供給方式，而非著重在開發取代塑膠的新材料。

在有了長期抗戰的心理準備，我們馬上展開行動，朝著「讓塑膠瓶成為過去式」的目標邁進。我們參與了「保護英國鄉村運動」（Campaign to Protect Rural England），該運動響應了英國政府所推動「押金返還計畫」（deposit return scheme）；「押金返還計畫」要消費者在購買瓶裝產品時，先為你購買的每個瓶罐預付小額的押金，待之後你將瓶罐帶回商家回收後，即可取回之前的押金。這類的計畫已成功在德國和挪威推行，當地塑膠瓶的回收率高達90%。除此之外，我們還發起一項運動，要求企業承諾增加他們塑膠瓶裡再生材料的用量。此舉不僅可以激起業界對再生材料的需求，更可提升押金返還計畫的執行力，減少這些塑膠瓶流入環境或是進入垃圾掩埋場的可能性。

這項運動仍在持續進行中——或許它推進的速度尚不及我理想中的狀態，但我們已經慢慢看到一點成效。蘇格蘭政府已經宣布，它有意實施「押金返還計畫」；英國環境部長麥可・戈夫（Michael Gove）在二〇一八年三月也宣布，打算將「押金返還計畫」落實全國。企業方面，可口可樂則已公開承諾，每年皆會將他們產製的數十億個瓶罐百分之百回收（數量相當龐大，其履行力仍有待觀察）。截至目前為止，這些來自政府或企業的承諾都仍處在紙上談兵的階段，不過他們的這番表態，確實讓我們看到商界和政界都漸漸意識到「與塑膠分手」的重要性，以及對此採取行動的迫切性。

在從事環保運動的過程中，你很少會覺得自己勝券在握。老實說，我划著獨木舟在蘇格蘭西岸航行的時候，看到我們上岸準備紮營的海灘被塑膠廢棄物覆蓋，都會不小心忘記這項運動其實推動得很順利——事實上，相較於我們推動的其他環保運動，這場反塑膠運動推展的速度相當迅速。一直以來，我都習慣在眾人相對不看好的環境下推動環保運動，然後在推行的過程中逐步讓大眾接受我們的理念。身為綠色和平組織的一員，我們總是要想盡辦法讓我們的聲音被那些掌權者聽見；可是在這場反塑膠運動中，我們經歷了一個有別於以往的歷程：不論是政治人物、新聞工作者和企業執行者，大家都爭相聽取我們對這個主題的看法。雖然目前在解決這個問題的最佳方法上，我們還沒完全取得共識，但各方人士確實都渴望終結塑膠汙染海洋的問題，而我們似乎也有望乘著這股浪潮，改變整個環境的現況。

找到問題的根源

掌握整個社會對反塑膠運動的態度後，我更下定決心要積極推動這項運動，因為這項運動的基本理念與綠色和平完全一致。再者，儘管這些年來一直有其他組織努力向政府爭取，逐步推行改善塑膠問題的政策，但絕大多數反塑膠運動傳達給大眾的重點，似乎都著重在讓一般民眾和消費者對自身消耗大量塑膠，以及未善盡回收工作的行為感到罪惡。即便這些運動的宗旨立意良善，但似乎沒有一個運動認清，要在沒有從源頭管制的情況下，徹底與塑膠分手，簡直是不可能的任務。雖然我們每一個人確實都可以在日常生活中做出一些改變，為反塑膠盡一份心力；可是塑膠包裝的製造商也確實產製了太多的塑膠製品，而且完全沒有考慮到這些塑膠在用過一次之後，該如何處理。簡單來說，執政者根本還沒有讓這些製造商對這場塑膠汙染負起該有的責任。如果你從你家附近超市買到的產品，其塑膠包裝沒有列入當地回收計畫的回收項目內，這並不是你的錯——由此可知，把反塑膠運動的全部責任都放在個人身上，不是一件公平的事。

我們社會處置塑膠問題的這套矛盾態度，正是讓我確定綠色和平應該投入這項運動的關鍵。因為我們需要有一個運動，確保每一個人——涵蓋企業和政治人物——都感受到與塑膠分手這件事的迫切性，縱使這背後連帶意味著，我們的生活會產生某些巨大的轉變。聯合個人、企業和國家，大家不分你我、國界，一起承擔守護海洋的責任，共同尋找解決塑膠危機的對策，才是全人類戰勝這個問題的唯一機會。這就是為什麼在這本書裡，我不僅僅會告訴你，在家你可以為減塑做些什麼努力，同時還會與你分享，我和我的同事在與企業和政府打交道時，學到的一切溝通技巧；因為我希望你也能利用這些溝通技巧，將我們必須與塑膠分手的重要性，傳達給你生活圈裡的每一個人。

把反塑膠運動的全部責任都放在個人身上，不是一件公平的事。

投入這項運動之初，就有許多人與我一起踏上這段旅程，這當中有綠色和平組織的同仁，也有非綠色和平組織的反塑人士。路克・梅西（Luke Massey）就是我這段旅程的其中一位夥伴，他推動運動的手腕和出色的敘事能力，總能喚醒大眾對環保議題的關注。以下就是他對塑膠的看法：

你是誰？

我是路克．梅西，在綠色和平組織擔任海洋專案的新聞公關。

你為什麼這麼在意塑膠的問題？

雖然塑膠汙染的規模十分駭人，又對野生動物造成令人揪心的巨大衝擊；但對我而言，人類竟然還如此放任這場塑膠汙染危機發展下去，才是讓我覺得更為嚴重的問題。也就是說，此刻我們最該思考的就是：我們該如何讓全球擺脫用過即丟的一次性消費習慣，盡可能減少我們在這顆星球上留下的足跡？這個舉動不僅可以阻止塑膠流入我們的環境，在探索這個問題的最佳對策中，更可以迫使我們重新省思人類與自身生產和消費物品之間的關係。如果我們可以從中學到正確的觀念，必可翻轉整個環境的現狀。

大眾可以做些什麼來幫助這場反塑膠運動？

你能做的事比你想像中的多。過去幾年，我看見多數關於這個議題的重大轉變，都是藉由群眾討論的力量推動；大家會一起跟企業對話，或寫信給當地的新聞媒體、政治人物，表達對這個議題的看法。現在這個議題之所以會這麼受到關注，那些對話功不可沒。

你看過的最糟塑膠汙染實例是什麼？

我曾在智利巴塔哥尼亞的一處偏遠企鵝棲息地，看到最令人難過的塑膠汙染實例。那個棲息地是一座小島，四周一片荒蕪，當時正好是企鵝的繁殖季。牠們會在地上挖洞築巢，讓年紀尚小的雛鳥在巢穴裡保暖。不過，我卻看見我附近有一隻公企鵝，帶著滿嘴從海裡撿來的塑膠包裝返回巢穴，打算用那些塑膠來築巢。這一幕實在是讓人很抑鬱。

你見過的最佳減塑方案是什麼？

雖然目前已有人開發出一套華麗的「海洋清理」裝置，宣稱可以清除大量的海洋廢棄物，引起各界矚目，但我認為，從源頭管理才是真正解決這個問題的最佳方法。因此，就算我對這道問題的回答非常庸俗，但這一點絕對是我們成功與塑膠分手的關鍵，那就是：對一次性塑膠製品的製造商課稅。能看見政府針對一次性塑膠推動所謂的「汙染者付費」（polluter pays），真的是一件振奮人心的事情。想要從源頭解決塑膠汙染的問題，必定要從塑膠製造商的營利下手，如此一來，他們才會想方設法改變目前的「拋棄式」商業模式。

為了減塑，你在生活中做了哪些轉變？

身為一個咖啡控，我覺得我使用可重複使用的杯子購買咖啡，是我所有轉變中，對減塑最有貢獻的轉變。因為我一天大概要買一到兩杯咖啡，日積月累下來，一整年就可以減少非常可觀的塑膠使用量。剛開始我自備杯子去咖啡店買咖啡時，總會讓他們覺得有點奇怪；但是現在這種自備環保杯買咖啡的舉動已成為一種常態，而且絕大多數的咖啡店還會給自備杯子的客人一點折扣。

說到塑膠時，什麼事讓你最看不慣？

企業沒有擔起應負的責任。多年來，企業製造了大量使用一次性塑膠包材的產品，賺進了大把鈔票，卻完全沒有對他們產品後續衍生的汙染問題負起分毫責任。相對地，這些企業還把塑膠汙染的問題推給大眾，責怪消費者胡亂棄置廢棄物。我實在是對這種商業模式很感冒，他們靠塑膠獲利，卻要其他人幫他們收拾這個塑膠造成的爛攤子。

你有什麼與塑膠分手的密技嗎？

✓ **少用。**我們都需要大幅減少一次性塑膠的使用量。

✓ **重複使用。**買一個可重複使用的水瓶，用它來盛裝你的日常飲水；帶一個可重複使用的咖啡杯，到咖啡店購買咖啡；去購物時，自備可重複使用的環保袋。

✓ **回收。**這一點不用我多說，我們每一個人都應該盡可能做好回收的工作。

✓ **多與其他人談論這個議題。**你的朋友和你附近的商家，都是你討論這個議題的對象。你也可以問問那些商家，為什麼要販售那些非必要性的塑膠製品。

你印象最深刻的減塑行動是什麼？（個人或企業皆可）

二〇一六年，紐約有一個叫做羅伯．格林菲爾德（Rob Greenfield）的男子，決定展開為期一個月的「垃圾上身」（Trash Me）計畫。這段期間，他要穿著特殊的服裝，把一個月裡，他每一天製造的每一樣垃圾都穿戴在身上。一個月後，他成了一個垃圾怪物，身上掛滿了塑膠袋、塑膠容器、咖啡杯和塑膠瓶。他穿著這身垃圾裝漫步在紐約街頭，希望藉此喚醒大眾對消費和廢棄物處置議題的關注。他的這項計畫雖然沒有提出什麼創新的減塑方案，卻成功引爆話題，讓媒體開始高度關注消費和塑膠汙染的議題。

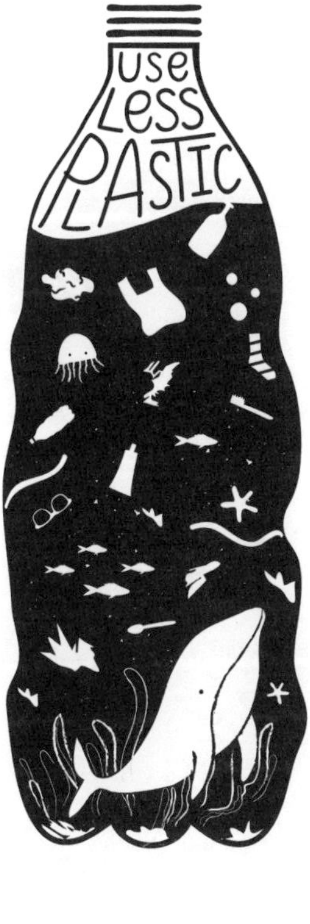
use
less
plastic

2
塑膠所衍生的問題

紋身龍蝦與深海塑膠

龍蝦的殼上怎麼會「紋有」百事可樂的商標圖樣？以前從沒有人想過他們需要回答這樣的問題。不過，日前加拿大漁民在他們的漁獲裡就發現了一隻蝦殼上帶有奇怪圖樣的龍蝦，而其中一名把百事可樂當水喝的船員，更是一眼就認出蝦殼上藍、白、紅組成的圖樣是百事可樂商標的一部分。百事可樂行銷團隊的行銷手法當然沒有走那麼前面，開始利用水底的生物打廣告；事實上，這只是人類丟棄的垃圾，在海洋裡留下印記的另一個例子。這個發現震驚全球，不僅躍上當時各家新聞的頭版，更讓眾人意識到，我們產出的垃圾會對其他生物造成多麼深遠的影響。然而，對我同事和身邊一直有在關注這個議題的人來說，其實這個事件一點都不令我們意外，反倒是它反映的環境現況，令我們感到無比哀傷。

二〇一七年夏天，我的團隊帶著一支探險隊，開著綠色和平的「白鯨號2號」（Beluga II）在蘇格蘭海岸展開探勘；白鯨號2號是一艘小型遊艇，最多可睡上十二個人。這個探險隊的主要目的，是記錄英國沿岸最具指標性的海鸚和姥鯊等野生動物，了解其覓食場域裡的塑膠含量。姥鯊是世界上第二大的魚類，蘇格蘭的傳奇詩人諾曼·麥克凱格（Norman MacCaig）曾這樣描述這類體型龐大、帶有神祕色彩的鯊魚：「牠們是體型跟房間一樣大的龐然大物，但牠們的大腦卻跟火柴盒一樣小。」

很遺憾的是，至今我還沒有親眼見到任何一條姥鯊。我曾多次在合宜的時令，航行至牠們的覓食場域，期望能夠看到一條姥鯊從我船下深處的水域游過，但牠們始終閃避著我，不曾在我眼前現身過。

正常生長的姥鯊大多可以長到十幾公尺長，牠們會根據時令在世界各地的海域遷徙，微小的浮游生物就是牠們的主食。姥鯊是濾食性的海洋動物，覓食時，牠們大張的嘴巴可超過一公尺寬，嘴巴裡特殊的骨骼結構，則可以替牠們留住嘴中的生物，濾除不必要的水分。沒錯，牠們嘴巴大張的寬度就跟綠色和平為了採集海洋中的塑膠汙染物，在船隻上裝配的拖網網口一樣寬；令人心酸的是，我們敢說，今日這些史前巨獸在大啖晚餐時，必定會一併食入大量人類所製造的廢棄物。因為我們在這趟航行的兩個月期間，撒下了近五十個採集海洋懸浮物樣本的拖網，卻發現採集到的樣本中，有三分之二都是微塑膠（microplastic）。

什麼是微塑膠？

微塑膠是細小的塑膠碎片，一般來說長寬高均小於五公厘的塑膠，即屬於微塑膠。雖然有部分微塑膠是本來就刻意做這麼小的，如塑膠微珠，但環境裡的微塑膠，其實很多都是來自塑膠袋或塑膠瓶這類比較大的塑膠體，因為它們在環境中會逐漸分解成越來越細小的碎片。

我們在海上探勘的整個過程中，還有另一個陸路團隊跟著我們航行的路線，同步在沿岸執行淨灘工作，並把握每一個機會對海岸進行其他細部的調查。這支陸路團隊通常會號召當地學校或社區居民，請他們協助團隊撿起和記錄被沖上岸的塑膠廢棄物。陸路團隊探索的這些海岸，也囊括了幾座不列顛群島裡最偏遠和美麗的海灘，但他們行經的每一座海灘都充滿塑膠的痕跡：濕紙巾、塑膠瓶罐、塑膠袋和其他數不清的廢棄物，它們都被隨意棄置在這些海灘上。長泳健將暨聯合國海洋保護大使路易斯・皮尤（Lewis Pugh），在巴倫支島（Barentsøya，又稱 Barents Island）的海灘上也有相似的經驗，該島位在北極斯瓦巴群島（Svalbard Archipelago），是一座無人島；當我聽到他對一群政治人物分享他那次的淨灘經驗時，心中頗有感觸。儘管這座小島從來沒有人居住過，但他和同行的海洋生物學家在這座島的海灘上，卻發現少量的塑膠。這片海灘上的部分塑膠（如舊漁具）或許是從相對較近的海岸漂來，但絕大多數很可能是隨著洋流，從幾千英里遠的地方飄洋過海而來。不到一個小時，就在海灘上撿到滿滿一麻布袋的塑膠已經夠讓人心碎了，但更讓人崩潰的畫面是，幾天後一陣狂風暴雨過境，我們又會看到海灘跟先前一樣被塑膠覆蓋。就誠如他對那趟巴倫支島行下的註解那樣：「巴倫支島是北極熊生活的地方，而非塑膠該出現的地方。」[1]

世界上還有許多偏遠的地區都處於類似的狀態，好比說位處西太平洋的馬里亞納海溝（Mariana Trench）。馬里亞納海溝深達十一公里，是地球上最深的海底深淵，也是這個星球上最富神祕色彩的地方。儘管如此，紐卡索大學的科學家在這個海域進行研究的時候，卻發現他們在這個海溝最深處採集到的每一個樣本，都有微塑膠的存在。端足目生物（Amphipod）是一種形似蝦子的微小底層海洋動物，在這些生物有生之年，牠們甚至完全不會見到陽光，可是，科學家在牠們體內，也發現了少量的細小塑膠碎片。就現有記錄來看，目前科學家記錄到塑膠密度最高的地

1. http://lewispugh.com/noplacetohide-from-plastic/

方，是位在南太平洋的亨德森島（Henderson Island），該島是一座無人居住的珊瑚礁島。研究這座島嶼的科學家預估，該島大約有超過三千八百萬件的塑膠廢棄物，這些廢棄物有的來自德國，有的來自加拿大，還有些來自與它相距甚遠的其他國家。從這些現況，我們可以得出一個令人難過的結論，那就是：我們的行為已經對地球造成非常巨大的衝擊，所以無論此刻和未來我們有多麼努力地與塑膠分手，接下來幾個世代，我們勢必會持續在全球各地看到這些惡果現形。

塑膠汙染對野生動物的衝擊

這些遙遠、壯麗、被覆滿人類廢棄物的地方，當然不僅僅是純供我們欣賞的景觀，這些地方還是孕育許多迷人生物和複雜生態的堡壘。為迎合當地特有的生存環境，長久居住在此地的物種更是發展出獨特的生存特性——牠們生存環境受到的威脅已因氣候變遷日益加劇，實在不需要塑膠汙染再來插花。雖然目前學界才正開始蓬勃研究塑膠汙染對特定物種的衝擊，然而，可以肯定的一點是，海洋裡的生物大概沒幾個能逃過塑膠汙染的迫害。二〇一五年，澳洲科學家團隊在《美國國家科學院院刊》（*Proceedings of the National Academy of Sciences*）上發表了一項突破性的研究成果，該研究預估，有高達90％的海鳥肚子裡可能都有塑膠。看到這份統計數據時，攝影師克里斯．喬丹（Chris Jordan）拍攝的那一系列著名照片，大概會不自覺從你我腦中浮現——一隻還來不及離巢的信天翁雛鳥，在屍體腐化後竟顯露出滿肚子的塑膠殘骸。當時這系列他在北太平洋拍下的照片，被登載在各大報紙的頭版。對我來說，這系列照片絕對是塑膠汙染中最具代表性的圖像之一。

我喜歡賞鳥，但還不到著迷的程度，認鳥的能力也普普通通，純粹只是喜歡觀賞牠們在大自然中活動的姿態。我會拿著一副雙筒望遠鏡，坐著欣賞這些美妙生物在海岸邊俯衝、滑翔或啄食獵物的景象，而這些在我眼前上演的畫面，正是最能讓我感受到自己身處自然的其中一種方法。不管是以時速一百公里高速，衝入我附近海域的勇猛鰹鳥；或是來回在極地穿梭，姿態優雅、偶爾有點強悍的北極燕鷗；抑或是在南極洋滔天巨浪中，自在飛行的巨大信天翁（由於牠們的體型龐大，所以只有在颳大風的時候才能順利起飛）；這些海鳥目前的處境都相當艱困。因為牠們賴以為生的大海正以前所未見的速度快速變化，面對日益減少的食物來源，這些族群只能奮力適應整個大環境的變動。研究顯示，過去幾十年間，海鳥的總數已經減退70％。但，現在這些美麗野生動物又多了一道要克服的難題，就是該如何不再將漂浮在海洋裡的塑膠碎片吞下肚。

在某次綠色和平的探險中，與我同行的野生動物攝影師威爾．羅斯（Will Rose），為了記錄位在偏遠希恩特群島（Shiant Isles）的海鸚棲息地，在那裡野營了三天。海鸚是一種吃苦耐勞、生活在海裡的鸚鵡，牠們有著與體型不太相稱的大鳥喙，能在最惡劣的海象上自在生活數月，直到繁殖季才會上岸，重返海邊岩壁上的洞穴築巢。就跟其他的海鳥一樣，牠們的生存壓力也因為氣候變遷日益加重。即便是在蘇格蘭西岸，坐落在內赫布里底群島（Inner Hebrides）和外赫布里底群島（Outer Hebrides）之間、如童話般的這些島嶼上，威爾同樣捕捉到一個令人難以忘懷的畫面——一隻海鸚抬頭挺胸地降落在一片岩壁上，那片岩壁很可能已被海鸚世代祖先視為「家園」數千年，但牠的嘴裡卻啣著一條淡綠色的塑膠。

有高達90％的海鳥肚子裡，可能都有塑膠。

當然，海鳥並非是這場塑膠汙染中唯一的受害者。多年來我在船上看到的景象，讓我養成一個習慣，那就是每到一座新城市工作時，我做的第一件事，一定是跑去看看那座城市的水文；因為我想要從這段徒步探索的過程中，了解構築整座城市水路網絡的池塘、湖泊、溪流和運河狀況。不過，不論我走到的世界的哪一個地方，映入我眼簾的景象都大同小異。無論是倫敦攝政運河的紅冠水雞，奧克蘭梅里特湖的夜鷺，漢堡易北河的海鷗，或是台北公園裡的鴨科鳥類——只要你觀察的時間夠久，肯定都會在鳥類築巢或覓食的過程中，看到牠們嘴裡啣著塑膠的熟悉畫面。如你所料，這些被丟棄在陸上水路裡的塑膠，之後也會隨著水流流入大海，讓鳥類以外的生物一起淪為這場塑膠汙染的受害者。

不管是將塑膠袋誤認為水母吃進腹中的海龜，或是將深海捕獲的魷魚混著塑膠垃圾一起吞入肚裡的抹香鯨；這些需要好幾個世紀才能在海裡分解的塑膠製品，儼然已對海洋生物形成重大威脅。塑膠還會以另一種更顯而易見的方式殘害海洋生物，即「纏繞」。二〇一四年，美國政府做的一份研究報告發現，年幼的海洋生物，尤其是海豹，很容易被海裡的塑膠殘骸纏繞；光是在美國水域，他們就已經記錄到超過兩百種不同的物種受到塑膠纏繞的迫害（他們也注意到這樣的估計值或許還只是個保守值）。不幸的是，塑膠可不只是會經由食入和纏繞這類直接性的方式傷害野生動物。這些塑膠更會間接性地透過食物鏈，全面入侵食物鏈各階層生物的體內——因為塑膠有可能被任何海洋生物吃進肚裡，小自浮游生物，大至鯨魚，每一種生物都可能淪為塑膠的載體。

毒素

眾所皆知，位居食物鏈越上層的生物，其體內累積毒素的機率就越大，衍生的問題也越嚴重，而這個過程就是所謂的「生物累積」（bioaccumulation）。汞是生物累積中比較著名的例子之一，我們常在鮪魚或劍魚之類的掠食性魚類身上發現極高含量的汞，因為它會累積在生物的肌肉組織中。人類身處整個食物鏈的最上層，這些毒素最後的落腳處往往就是我們體內（所幸食品法規可以為我們做合理的把關，避免我們將含有大量毒素的生物吃下肚）。然而，可以預見的是，在人類捕獲這些掠食動物前，生物累積很可能已經為牠們本身帶來一系列的問題，比方說讓牠們生病，或是妨礙牠們繁衍後代等。

另一個生物累積的著名例子是多氯聯苯（polychlorinated biphenyls，PCBs），這種化合物自一九三〇年代開始被廣泛使用（如防燃塗料、日光燈等等），直到一九七〇年代世界各國才開始禁用它，最終在二〇〇一年，全球終於全面禁用這種化學物質。這些汙染性化合物會在工業過程中溢漏到環境裡，再透過生物累積的過程，累積在富含油脂的哺乳類海洋動物體內，如鯨魚和海豹。一旦多氯聯苯在生物體內的累積量超出「安全」範圍，它們就會對生物造成許多問題，如降低動物的免疫力，讓牠們比較容易受到寄生蟲的感染，或是妨礙牠們繁衍後代等。更令人難過的一個現象是，這些哺乳類海洋動物在哺育後代時，會消耗自身的脂肪來產乳，所以最終這些累積在牠們脂肪裡的毒素也會透過乳汁，進入牠們年幼寶寶的體內。

剛剛說的這些，與塑膠汙染有什麼關係？美國聖地牙哥州立大學的研究人員發現，海洋塑膠在海裡就像一塊海綿，會持續吸收水中的其他有害毒素，如多氯聯苯。這表示，在這些塑膠還沒被魚類、淡菜或牡蠣攝入前，它的毒性就已經開始增加，此現象無疑會助長海洋塑膠在生物累積過程中的影響力。目前學界才剛開始研究這個現象，但這些初步結果實在令人憂心。另外，海產體內累積的毒素究竟會對人體健康造成多大的影響，現在這方面的研究成果也還處在相對初始的階段，尚不足以歸納出任何明確的結論。話雖如此，政府公共衛生體系還是必須將這個議題列為優先處理的項目，因為我們的食物受塑膠汙染的機率正不斷升高。

塑膠如何進入環境？

在了解塑膠汙染擴散到多麼遠的地方，又用什麼方式影響野生動物的生存後，此刻該是時候好好了解一下，這些塑膠一開始到底是怎麼進入環境的。

我平常常被問到三大問題，以下我就透過回覆這些問題，讓大家循序漸進地了解整個塑膠汙染的概況。第一個問題是：已經有多少塑膠流入海洋了（還有，我們沒辦法清除它們嗎）？要確切知道海洋裡已經有多少塑膠是個棘手的任務，因為有許多因素都會增加預估的難度。舉例來說，你需要考量到塑膠的種類，有哪些塑膠會漂浮在水面、被沖上海灘，又有哪些會沉入海底、埋入我們看不見的海床；除了看得見的塑膠，海洋裡還有許多我們肉眼無法看見的塑膠，如塑膠微纖維或微塑膠；還有，海洋本身的浩瀚無垠，或許更是我們難以估算出準確數值的最大因素！我們所居住的藍色星球，有三分之二的面積都被海洋覆蓋，雖然我們已經對這片汪洋裡的一小部分海床進行探查，但要做到全面調查整個海洋到底受到多少塑膠汙染，還是存有非常大的難度。

儘管這項任務困難重重，美國海洋保護協會還是與麥肯錫商業與環境研究中心（McKinsey Center for Business and Environment）合作，共同預估出海洋裡已經有一．五億公噸的塑膠。這是一個令人憂心的數字，但艾倫．麥克亞瑟基金會（Ellen Macarthur Foundation）估計，依照我們產出這些塑膠廢棄物的速度，到了二〇五〇年，海洋裡的塑膠總重甚至會比生存在裡頭的魚群總重還重。

老實說，我們實在很難想像，有任何科技或人力能夠清理掉這高達一．五億公噸的塑膠。因為這樣的塑膠量相當於三百座世界第一高塔「哈里發塔」（Burj Khalifa）的重量；只不過這三百座高塔並不是矗立在杜拜的土地上，而是分崩離析地散布在世界各地的海平面和海溝裡。簡單來說，要徹底清除它們幾乎是不可能的任務，所以雖然淨灘之類的舉動非常值得嘉許，對環境或公共建設嚴重受到塑膠迫害的地方也相當重要，但基本上，這些行動對改善塑膠汙染的幫助都十分有限。如果我們真的想要徹底改善塑膠汙染的問題，那麼就應該把全球運動的重點放在減少大眾對塑膠的需要性，因為唯有這麼做，我們才能真正從源頭防堵塑膠流入海洋。當然，我們還是必須撿起散布在海灘上的塑膠，政府和企業也必須發起大規模的淨灘活動；可是，如果我們一直不減少整體的塑膠使用量，最後這些淨灘活動就只會永無止境地不斷重複上演。

據估計，海洋裡已經有一・五億公噸的塑膠。

第二個問題是：每年有多少塑膠進入海洋？目前估計，每年進入海洋的塑膠量大約介於四八〇到一二七〇萬公噸之間。這個數量幾乎相當於每分鐘都有滿滿一垃圾車的塑膠進入海洋，而英國政府更預估，未來十年，塑膠進入海洋的總量有可能成長為今日的三倍。

第三個問題：這些塑膠都是從哪來的？這是個比較難回答的問題。研究顯示，海洋裡大約有近八成的塑膠都是來自陸地，而非來自航行在海上的船隻。陸地的塑膠可以透過許多方式進入海洋，包括：

- 洗衣。我們衣服裡的塑膠微纖維有機會在洗衣的過程中，隨著水流釋放到環境中，海洋裡大約有三分之一的塑膠都是來自這些塑膠微纖維。
- 不當丟棄。隨意棄置的塑膠製品可能會被風吹入水路，然後隨著水流流入大海。
- 掩埋。無法回收利用的塑膠，最終可能就會被載運到海岸附近的垃圾掩埋場掩埋，此舉除了可能會讓部分塑膠不小心落入海洋，落入海中的塑膠更會隨著洋流漂散到世界各處。

就現今不斷產出的大量塑膠來看，即使我們大力改善廢棄物和回收方面的基礎建設，也無法徹底防堵廢棄塑膠進入環境的所有管道。況且，就算這些塑膠洩漏到環境中的比例很小（即依循正規管道處置的塑膠，不小心從處理系統「洩漏」到環境中），也會對環境造成重大的影響。事實上，科學家推估，當前大約有近三分之一的塑膠廢棄物都不會進入廢棄物和回收體系。

我們衣服裡的塑膠微纖維有機會在洗衣的過程中，隨著水流釋放到環境中，海洋裡大約有三分之一的塑膠都是來自這些塑膠微纖維。

回收

過去二十年間，塑膠的產量不斷飛漲，到了二〇一五年，全球的總塑膠產量甚至來到了三．二億公噸，這個重量比全世界人口的總重還要重。更重要的是，這個數字在未來二十年還會再增加一倍。自一九六〇年代塑膠袋問世後（它是第一個被大量使用的廉價塑膠製品），塑膠出現在我們生活和社會中的比例就越來越高。時至今日，它在我們日常生活中普及的程度，已經讓人難以想像沒有它的日子。過去幾年，大量使用一次性塑膠製品——顧名思義，這類塑膠在使用一次後就會被丟棄，而且它們被使用的時間大多只有短短數分鐘，丟棄後卻很可能必須耗費數世紀的時間才能分解——的風氣，更成為大家迫切想要解決的問題。因為這些年來，儘管我們對這些塑膠的用量呈指數狀態快速增長，但我們在廢棄物或回收方面的基礎建設，卻幾乎沒有針對它們做什麼特別的發展，這使得更多塑膠洩漏到環境之中。根據統計，全球產出的塑膠大約只有14%進入回收系統，而其中更有近5%的塑膠只是被回收而已（沒有被再利用）。

世界各地設立的廢棄物處理系統各有不同，但縱使是像荷蘭或日本這類擁有比較先進廢棄物處理系統的國家，其產出的塑膠廢棄物數量，也遠超過它們系統的負荷能力。現在我們都站在同一個十字路口上，想要應付這些數量龐大的塑膠廢棄物，我們有兩種選擇：一為繼續這種「你丟我回收」的艱苦戰鬥，努力發展出效能更高的廢棄物處理系統，好應付這些日益增長的垃圾量（雖然一定還是會有大量的塑膠在處置的過程中洩漏到環境裡）；另一個選項則為，我們可以重新思考產品的設計方式，揚棄「用過即丟」的一次性文化，改以更周全的角度去設計各種產品，並在產出每一樣產品前，都一併考量其後續的處理問題。我相信，大家一定都心知肚明該選擇哪一項做法。目前尚沒有任何證據指出，有哪個地方的廢棄物或回收系統，能夠在完全不對環境造成衝擊的情況下，處理掉我們產出的廢棄物——以焚燒處理為例，它就會釋放大量毒素到大氣中，還會增加二氧化碳的排放量。當然，發展我們的廢棄物基礎建設還是有其必要，因為這是我們減少環境中塑膠總量的必要手段之一，但對全球而言，這套方法絕非長久的解決之道。

洋垃圾

我們除了要想辦法解決各國國內的廢棄物處理系統問題外，同時還必須去關注「洋垃圾」的問題。這些「洋垃圾」即各國在全世界轉運的廢棄物，每一年，光塑膠廢棄物的轉運總量就高達數百萬公噸重。那些沒有地方、沒有設備處置自家廢棄物，或偏好把廢棄物賣給其他國家處理的國家，都會透過結構複雜的回收商網絡，將自家廢棄物以海運的方式長途運往他國處置。換句話說，就算你正確處置了你使用過的塑膠廢棄物，但之後它說不定還是會在售往他國回收、焚燒或掩埋的過程中，造成整體環境的汙染。二〇一七年年末，中國宣布，他們將不會再收購其他國家的塑膠廢棄物，因為他們國內的塑膠廢棄物產量與日俱增，所以他們的廢棄物處理系統不再能夠，或不再願意處理這些國外的塑膠廢料。歐洲和北美國家為此大傷腦筋，因為他們必須另覓其他國家來處理自家的廢棄物。就現況來看，西方國家有可能會將自家的廢棄物運往東南亞國家處理，不過此舉恐怕會讓這些國家的廢棄物系統負荷過重；況且部分東南亞國家本身，也因使用塑膠衍生不少問題，此舉無疑會讓他們的處境更加雪上加霜。

這就是為什麼我們不該妄加指責其他國家讓更多塑膠流入海洋的原因。雖然嚴格來看，很多塑膠確實是從這些國家進入到環境中，但是這個結果卻牽涉到許多其他的因素，例如廢棄物出口、缺乏安全的飲水而必須飲用瓶裝水、極端氣候毀損基礎建設，或是企業一開始產製這些塑膠製品時，就沒有撥出經費投資處理廢棄物的相關設備等；上述的種種因素都會使這些國家，不太可能有效地處理各國不停產出的大量塑膠廢棄物。

菲律賓就是其中一個例子，二〇一五年，一篇登載在《科學》（*Science*）期刊上的研究指出，菲律賓是汙染海洋的第三大國。然而，二〇一七年綠色和平與「擺脫塑縛」（Break Free From Plastic）運動共同協辦的馬尼拉灣淨灘活動，卻可讓人看清這個問題背後的真相。該場淨灘活動共蒐集到了五萬四千六百二十件塑膠廢棄物，工作人員盡可能記錄下蒐集到的每一項廢棄物品牌後，統整出了汙染這片海灘的前五大品牌，其中囊括了三家非常知名的跨國企業，分別為：聯合利華（Unilever）、雀巢（Nestlé）和寶僑（Procter & Gamble）。這些企業都在某些國家不斷承諾自己友善環境、永續經營的決心，但是顯然，在世界的另一頭，他們還是造成環境汙染的一大幕後兇手。

這些販售快速消耗品的企業，對環境造成的最大問題，就是增加「小包裝」產品的產量。小包裝的產品因為裝填的產品分量很少，所以表面上可以讓消費者以比較便宜的價格購入一些日用品，例如洗髮精。不幸的是，這些被大量販售的小包裝產品，多半是以內側帶有塑膠薄膜的鋁箔袋包裝，而這類包裝完全無法再回收利用。這意味著，這些企業產出的塑膠包裝，除了會因為人們的不當丟棄而占據東南亞的各個海灘，更因為它們沒有任何回收價值，所以當地的拾荒者也不會有意願去撿拾這類廢棄物。因此，面對這場塑膠汙染，我們可以看到一個現象：大家往往都是把矛頭指向這些東南亞國家（因為從他們國家流入大海的塑膠量確實比其他國家高），反而鮮少去譴責那些不顧後果、生產出這些小包裝產品的企業。

這些企業只顧著養成大眾使用「拋棄式產品」的習慣，絲毫沒有考慮到消費者會怎麼處置這些產品的包裝，也沒有撥出足夠的資金協助政府設置處理這些包裝的基礎建設。就憑他們沒有負起企業責任，好好處置自家產品用畢後衍生的廢棄物這點，就足以讓他們受到應有的譴責（像汽車和電子等產業，就有發展相關的廢棄物處理工業）。亞太經濟合作組織（Asia-Pacific Economic Cooperation）指出，塑膠汙染已讓東南亞國協（ASEAN）在航運、觀光和漁業損失了十二億美元以上，同時還衝擊到沿海居民的生活品質，讓他們必須天天清理出現在自家門前的塑膠廢棄物。

蒂薩．瑪菲拉（Tiza Mafira）是「印尼節用塑膠袋運動」（Indonesia Plastic Bag Diet Movement）的執行長，與許多印尼團體一起合作，共同對抗這股塑膠汙染的浪潮。

你是誰？從事什麼工作？

我是蒂薩．瑪菲拉，是「印尼節用塑膠袋運動」（Indonesia Plastic Bag Diet Movement）的執行長。

你為什麼這麼在意塑膠的問題？

我住在雅加達，塑膠堵住了這座城市的水道，而且我們在清理河流時，也發現裡頭有大量的塑膠廢棄物。令人震驚的是，儘管我們知道塑膠必須花數百年的時間才可分解，但大家卻依舊一直使用一次性的塑膠製品。過去人類在沒有塑膠的情況下已經生存了那麼長的時間，所以今日我們對它的依賴性似乎毫無道理。

大眾可以做些什麼來幫助這場反塑膠運動？

停止使用一次性的塑膠製品。勇於拒絕任何人拿給你的塑膠袋、吸管或者塑膠瓶罐。

你看過的最糟塑膠汙染實例是什麼？

吉利翁河（Ciliwung River）是流經雅加達的一條河流，其河床兩到三公尺深的地方掩埋了大量塑膠廢棄物，每當洪水來臨，這些塑膠就會和泥漿層層疊疊地混在一塊，根本無法徹底清除。

你見過的最佳減塑方案是什麼？

禁用。我們知道有越來越多國家或城市禁止使用某些一次性塑膠製品，而一旦你禁止使用這些製品並嚴格執法，就能讓該地區的塑膠廢棄物數量大減。二〇一六年，我們組織成功推動了為期六個月的塑膠袋收費試驗，當時我們就親眼見證塑膠袋的用量因此下降了55%。之後馬辰（Banjarmasin）就成了印尼第一個禁用塑膠袋的城市，該禁令實施後，馬上就讓整個城市的塑膠袋用量減少了80%。

你為了減塑，在生活中做了哪些轉變？

我總是隨身攜帶可重複使用的環保袋和環保杯，並拒絕使用任何塑膠袋、塑膠罐、咖啡杯、吸管、含有塑膠微珠的潔膚產品和保麗龍包裝的食物。我與夥伴共同發起了「印尼節用塑膠袋運動」，抗議過度使用塑膠袋的行為，並要求政府制定減少塑膠用量的政策。

說到塑膠時，什麼事讓你最看不慣？

你幾乎無法擺脫塑膠，因為每一樣產品的包裝都是塑膠。更氣人的是，政府還老是打著「人民還沒準備好」的名號，迴避制定減少塑膠用量的政策，彷彿他們無權改變大眾現有的消費模式一樣。

你有什麼與塑膠分手的密技嗎？

我致力從政策下手，因為我相信減少塑膠用量的政策若能逐步落實，比較能提高民眾與塑膠分手的成功機率。政策可以讓零售業者不再提供一次性的塑膠製品（如塑膠袋和吸管，它們本來就沒跟我們購買的東西放在一起，所以並非是必要性的物品），或是限制企業包裝快速消耗品的包材（如食物或洗髮精等，此舉可以迫使企業多花些心力重新設計友善環境的包裝方式）。

你認為與塑膠分手面臨的最大挑戰是什麼？

來自塑膠工業和石化工業的阻力。

你認為在什麼條件下，我們最有機會與塑膠分手？

就印尼的情況來說，政府需要對全國實施策畫已久的塑膠袋收費政策；就整個世界的情況來說，我們必須讓不使用塑膠包材的裸賣商店更為普及。

你印象最深刻的減塑行動是什麼？（個人或企業皆可）

每一位能夠過著零廢棄物生活的人都令我深感欽佩，因為目前我還無法做到這個境界。

每天，全世界都會產出許多與塑膠有關的統計數據，揭露這場塑膠汙染的概況；而正因為這些數據實在是太過龐雜，所以一不小心就會讓人迷失在數字堆裡，無法用真實的角度去評判造成這個全球性問題的癥結點。面對這場塑膠危機，各方都已經漸漸展開了行動，比方說：媒體不斷報導有關塑膠汙染的最新數據和可怕真相；科學家正快馬加鞭地針對這個議題進行更多的研究，幫助我們更加了解自己身處在什麼樣的困境；政治人物和企業也絞盡腦汁，努力想要找出改善整個環境的對策。在大量資訊的環伺下，要搞清楚哪些資訊有用不是一件容易的事，所以在此我列出了一些重要的數據，這樣你在說服同事、朋友和家人揚棄「拋棄式文化」時，就可以快速讓他們了解整個塑膠汙染的概況。

了解塑膠汙染的關鍵數據

可口可樂每年製造了 1,200 億個塑膠瓶

・・・

南太平洋的亨德森島有超過 **3800** 萬件的塑膠廢棄物

・・・

每年會產出 3.3 億公噸的塑膠

・・・

每年會有 **1,270** 萬公噸的塑膠進入海洋系統

・・・

英國曼徹斯特的某條河，每平方公尺就含有 50 萬個塑膠微粒
——這是目前發現塑膠密度最高的地點

・・・

一個塑膠瓶在海裡要花 **450** 年才可分解

・・・

塑膠已問世 111 年

・・・

90%的海鳥肚子裡都有塑膠

・・・

80%的海洋塑膠源自陸地

・・・

塑膠袋已問世 **53** 年

・・・

每分鐘都有滿滿一垃圾車的塑膠進入海洋

3
希望與成功的故事——全球的反塑膠運動

身處在這股塑膠大舉入侵海洋的浪潮中，很容易讓人感到有點不知所措。但我的工作就是要讓你知道，這一切仍有挽回的餘地。我敢說，如果我沒有告訴你這件事，那麼你大概非常容易就會對眼前的景象感到絕望——事實上，我們根本不敢相信人類已經把整個地球破壞成這番樣貌。然而，在這個比悲傷更悲傷的景象裡，我們還是可以用一些簡單的方法扭轉眼前的局勢。我身邊就有許多身體力行的反塑膠鬥士——雖然他們在各個組織中擔任的職務各有不同，但他們都不辭辛勞地用各種方法引領眾人共創一個更美好的世界。一路看著他們在這條路上的種種付出，我明白了一個道理，那就是「人人都有改變現狀的能力」。於是，我開始思考，自己可以在生活中展開什麼實際作為；因為唯有擬定計畫、付諸行動，並積極參與反塑膠運動，才能讓我們不再坐以待斃，任憑塑膠繼續荼毒我們的環境。

反塑膠運動是個日益壯大的社會運動，每天我都會因它的進展受到激勵。即便你只是在網路上隨便打個關鍵字，都可以在上頭看到各種相關文章，記敘著各地熱情民眾為此展開實際行動的事蹟，或是企業和政府順應民意採取的減塑作為。在這章，我就要跟各位分享幾則與反塑膠運動有關的故事，它們是我目前聽過最鼓舞人心的反塑膠事蹟。

世界各地的塑膠袋禁令

塑膠購物袋已成為全球塑膠汙染的象徵性物品。因為它們的平均使用壽命雖然只有十五分鐘，但科學家預估，它們大概要花五百到一千年的時間才能徹底分解。就跟所有的塑膠製品一樣，塑膠袋也是近幾年才開始普遍出現在我們生活中的物品；過去塑膠袋根本沒有如此無所不在，我想任何年過五十的人，多半都還記得那段日子。毫不令人意外的是，隨著塑膠袋日漸成為海灘上最常出現的塑膠廢棄物，反映出人類使用一次性塑膠的問題後，全球陸陸續續有許多國家和地區都開始禁用它們。二〇〇二年，孟加拉率先禁用塑膠袋後，全球各大洲也紛紛興起了一波禁用塑膠袋的風潮（南極洲除外，因為該洲無永久性居民）。

就跟所有為了減塑所訂定的法律一樣，這些禁令都必須仰賴執法人員嚴格執行，不過只要有確實實施這些法令的國家或地區，都可從中獲得巨大的成功。以摩洛哥為例，它是僅次美國、塑膠袋用量第二大的國家；在二〇一六年夏天實施塑膠袋禁令後，共查封和沒收了近五百公噸的塑膠袋。由此可知，光是這些以國家或城市為單位發布的塑膠袋禁令，就足以大大降低塑膠進入海洋的數量。

限制使用其他一次性的塑膠製品

對某些地方而言，僅禁用塑膠袋是不夠的，因為任何一次性塑膠製品都會對當地環境造成迫害。舊金山就是其中一例，當地海濱以豐富的鵜鶘和海獅群聞名，為了保護這些生物的生長環境，政府除了禁用塑膠袋外，還陸續禁用了塑膠罐、塑膠包裝袋，並禁止民眾使用以保麗龍球填充的懶人沙發。把場景拉到位處印度南部的卡納塔卡邦（Karnataka），該地更是全面禁用一次性塑膠製品，舉凡塑膠袋、塑膠看板、塑膠餐具等，全都是禁用項目。雖然這份禁令尚在起步階段，該邦的政府機關也還在摸索該如何確實落實這項禁令，但這項禁令背後卻蘊含著很強大的意涵，即：我們不該債留子孫，讓後代來處理我們使用的這些塑膠廢棄物。

還有許多國家透過禁令與塑膠宣戰，例如中美洲的島國安地卡及巴布達（Antigua and Barbuda）禁用保麗龍容器，印度洋中西部的塞席爾（Seychelles）和法國禁用塑膠餐具，以及遍及全世界的塑膠微珠禁令——放眼全球，我們不難發現，政治人物已經越來越關注一次性塑膠製品的問題，而簡單的禁令更是最能有效、直接處理這場塑膠危機的方法。

一九三個國家承認塑膠是個大問題

近年來反塑膠運動最值得一提的進展，還有二〇一七年十二月，一九三個國家在肯亞首都奈洛比開高峰會時，對塑膠議題達成的共識；這些國家在會後共同發布了一則聲明，表示塑膠是個日益嚴重、需要盡快採取行動解決的問題。儘管這份聲明因為沒有詳細列出具體的解決方案和法律效力，招來不少批判，但這份聲明表達的立場還是讓我深受鼓舞。我一位參與過多屆聯合國氣候會議，熟知聯合國會議流程的前同事說，聯合國能在這項議題上達成共識，共同發表這項聲明簡直就是一個奇蹟。但，基於某些原因，這近兩百個國家罕見地放下了各自的歧見（有時候這些歧見甚至會引發某些國家之間的戰火），選擇一起面對這個問題，是全人類難得達成共識的議題。這份聲明發表之際，更有39個國家附上了具體的塑膠減量方案，承諾會透過國家的力量極力減少塑膠進入海洋的機會。我誠心希望，這項聲明能為反塑膠運動在國際間開創出一條坦途，但不管怎麼樣，至少這項聲明讓反塑膠運動在國際間跨出了重要的第一步，那就是「承認塑膠是個大問題」。

號召民眾擁抱無塑生活

從整家人一起挑戰一星期不用塑膠，到西澳政府發起的「無塑膠七月」（Plastic Free July）活動，至今參與這些活動的民眾已累積到兩百多萬人次，遍布一五〇多個國家，而這成千上萬的無塑挑戰者，更讓人見識到了無塑生活的可能性和可行性。

對大多數人而言，無塑生活或許是一個完全不可能實踐的挑戰，因為時間、金錢、地理環境和其他因素，都會成為我們下定決心徹底與塑膠分手的阻力。不過就算如此，還是有許多人願意試著把無塑生活貫徹到日常生活中，並將他們的經驗分享到網路上，藉此激勵更多人一起嘗試這樣的挑戰。因此，如果看完本書，你對無塑生活還有任何疑惑，我可以跟你保證，只要你動動手指上網搜尋一下，一定就會在這些無塑挑戰者的部落格、Instagram 或臉書上找到你要的答案。

無塑生活部落格

接下來的頁面還會與你分享許多小訣竅，告訴你如何減少生活中的塑膠使用量，並說服身邊的人跟你一起身體力行——但是如果你需要更多減塑資訊或靈感，那麼你可以參考看看下列這些精采網站的文章，它們都能夠給你一些有關無塑生活的建議。

- **無塑膠七月**（*Plastic Free July*）：
  這是一個全球性的反塑膠運動，參與這項活動的人會在七月盡可能減少塑膠的用量。該網站記錄了許多激勵人心的故事，並分享了許多有用的建議和激發日常動力的方法——今年七月你打算參加這個活動嗎？
- **貝斯．泰瑞**（*Beth Terry*）——**我的無塑生活**（*My Plastic-Free Life*）：
  貝斯的部落格不僅分享了展開無塑生活的一百道詳細步驟，還邀請你一起挑戰以照片記錄每週塑膠垃圾量的有趣活動，這項活動能讓你清楚看出自己減塑的成果。
- **安妮．瑪莉**（*Anne Marie*）——**零廢棄煮婦**（*The Zero-Waste Chef*）：
  喜歡下廚，卻不知道從哪裡取得非塑膠包裝食材的人，一定要看看安妮．瑪莉的「零廢棄煮婦」部落格，她分享了減塑技巧和食譜，能幫助你成功將塑膠逐出廚房。

如果在減塑這條路上，我們能持續分享彼此的心得，並相互扶持，肯定會讓自己更有機會達成心中的目標。我很想知道你用了哪些方法減塑，又發現了哪些可以取代塑膠製品的替代品。所以如果你願意，歡迎你將自身的經驗分享到社群網路上，並標註「#擺脱塑縛」（#BreakFreeFromPlastic）。

路易絲．艾奇（Louise Edge）是執行綠色和平組織反塑膠運動的資深人員，過去幾年的絕大多數時間，她都在從各個面向關注這個塑膠議題。除了與各政治和企業人士會晤協商，她也親身投入各種減塑活動，可說是對塑膠衍生的每種問題瞭若指掌。

你是誰？從事什麼工作？

我是路易絲．艾奇，在綠色和平組織擔任海洋專案的運動推廣員。

你為什麼這麼在意塑膠的問題？

因為我看到塑膠正不斷毒害我們的大自然。今天，科學家不管在哪裡——例如我們的河流、北極冰或是海鮮中——都可以發現微小的塑膠微粒。更糟糕的是，這些塑膠還會透過食物鏈進入所有生物的體內，以海洋為例，從食物鏈底層的微小浮游生物，到食物鏈頂端的巨大鯨魚，牠們的五臟廟全都逃不過塑膠的荼毒。這個現象不僅會奪走野生動物的性命，也會讓牠們的行為舉止出現一些令人憂心的轉變。這也讓我開始思考，暴露在充滿塑膠微粒的環境下，有可能對人體的健康造成怎麼樣的衝擊，因為這種以石油製成的材料含有大量化學添加物，當中更不乏有毒物質，而我們卻正不斷透過各種管道把這些東西吸收到體內。

大眾可以做些什麼來幫助這場反塑膠運動？

人人都可以藉由一些小動作，來減少日常生活或生活圈裡的一次性塑膠用量，它們是海洋塑膠汙染的主要來源。不過，要從根本解決這個問題，還是要仰賴大型企業和政府的力量，從源頭大舉減少塑膠的使用量。因此，我們必須讓他們知道我們想要改變這樣的消費型態——透過社群媒體或面對面的方式，向我們造訪的店家或地方政治人物表達訴求；甚至，我們也可以利用消費意願來促使商家做出轉變。

你看過的最糟塑膠汙染實例是什麼？

二〇一六年，我造訪了馬尼拉灣的自由島（Freedom Island），這是當地為海鳥設置的保護區，但我卻看到整個海灘都被塑膠包裝覆蓋。這些塑膠包裝的數量多到，就算你從表面往下挖個一公尺，還是會看到底下有一大堆混著沙子的塑膠廢棄物。往海上看，你更可以看到海面上漂浮著大量塑膠廢棄物，其中還夾雜著不少魚類和鳥類的屍體。這真的是個令人深感不快的經驗。我和一群當地的自願者一起為這片海灘淨灘，但我們的淨灘活動就像是在白做工，因為每天的浪潮都會把其他五顏六色的塑膠包裝打上岸，讓整片海灘上的塑膠量有增無減。這次的經驗讓我深刻體會到這個問題的嚴重度，也了解到，如果我們想要真正解決這個問題，一定要要求製造出這些塑膠包裝的大公司（如雀巢和聯合利華）想辦法改變現狀。

你見過的最佳減塑方案是什麼？

最好又最簡單的減塑方案就是「少用塑膠製品」，如：不要過度包裝商品、盡可能使用可重複使用的包材；如果你真的需要用到一次性包裝，也請你選用可回收且可自行分解的材質，這樣就算它們不小心落入海洋或大自然，也不會遺害千年。

你有什麼與塑膠分手的密技嗎？

對現代人而言，塑膠已經到了無所不在的程度，要把它徹底逐出你的生活確實不是件容易的事。但只要有心，你還是可以用一些簡單的方法減少日常中的塑膠使用量。以我自己為例，現在出門我都會隨身攜帶可重複使用的水瓶、杯子和購物袋；我也不再使用洗髮精、沐浴乳這類液體皂，改用沒有塑膠包裝的固態皂品——Lush 是最早用這種形式販售皂品的沐浴品牌；居家清潔方面，我則開始改用小蘇打和硼砂這類傳統的清潔劑來清理廚房和浴廁。除此之外，身為一個汽水控，我甚至買了一台仿一九七〇年代風格的復古氣泡水機！在我做了上述的改變後，我家回收袋的體積自然也大幅縮減了許多！

說到塑膠時，什麼事讓你最看不慣？

我只要看到海洋生物的生存因塑膠受到影響，就會覺得非常悲憤。好比說，最近就有一隻死亡的抹香鯨被沖上岸，而牠的肚子裡竟然滿是塑膠。不過，若真要說塑膠本身有哪個地方讓我看不慣，大概就屬印有「漂綠」（greenwash）字眼的塑膠包裝。所謂「漂綠」就是企業會以各種手法傳達自家對環保的支持，例如在塑膠包裝上印製「植物製生物塑膠，非石油製塑膠」或「可回收」等標語，想要藉此暗示消費者自家產品相當「環保」，但其實他們非常清楚，這些塑膠在現實世界裡完全不可能真的被回收利用，因為塑膠這種材質的組成實在是太過複雜，在回收處理上要耗費的成本太高。老實說，這類塑膠根本不該出現在市面上，而這些企業為自家產品漂綠的行為更是讓我抓狂！

你認為與塑膠分手面臨的最大挑戰是什麼？

艾克森美孚（Exxon Mobil）和殼牌（Shell）這類大公司都靠生產塑膠賺進了大

把鈔票，近期這些公司和其他同行業者甚至還投入了數十億美元的資金，擴充產製塑膠包裝原料的設備。換句話說，在與塑膠分手這段路上，這些資金雄厚的大企業一定會成為我們的重大阻力，因為他們顯然不願放棄塑膠包裝這塊大餅，還不斷砸錢想要說服大眾接受他們的產品。不過我不覺得他們的如意算盤能得逞，因為現在大眾反塑膠的意識已日漸高漲，並為此做出改變——但就現階段而言，這個部分確實會是我們與塑膠分手時面臨的一大挑戰。

你認為在什麼條件下，我們最有機會與塑膠分手？

大家認知到塑膠汙染的嚴重度，並積極將想與塑膠分手的決心傳達給企業和政府；此舉可促使企業承諾大幅減少一次性塑膠包裝的使用量，並讓政府立法確保企業落實承諾。這件事並非空想，事實上，現在全球已有許多國家的民眾都朝著這個方向努力。全世界之所以會紛紛對塑膠採取行動，是因為大家意識到，過去五十年來，我們無意間造成的塑膠汙染已對整個大環境帶來嚴重的衝擊，但只要有心，我們還是有辦法化解眼前的這場危機。畢竟我們的世界在塑膠尚未問世前就已運作許久，所以此刻就算我們再次回歸沒有塑膠的日子，一樣可以正常地生活。儘管就目前塑膠在我們生活中的普遍性來看，要徹底與它分手不是件容易的事，但只要我們有心，就一定有辦法實現這個目標，而這個念頭正是支持我不斷推廣反塑膠運動的動力。

你印象最深刻的減塑行動是什麼？（個人或企業皆可）

造訪馬尼拉的某個社區時，我對他們貫徹的零廢棄物計畫成果深感震驚。由於當地飽受垃圾危機之苦，街道上處處可見堆積成山的大袋垃圾，所以該社區自設了一個回收利用中心，並為這項計畫在整個社區裡建立起健全的支持網絡；此舉成功讓該社區的垃圾量大減，整個社區的垃圾量降至平均每天只有四袋垃圾，而且絕大多數的垃圾都是尿布。換言之，除了尿布以外，他們幾乎將生活中的所有廢棄物都重新利用或回收了——這樣的成果實在是太驚人了！

4
如何發揮個人的力量，讓世界有所不同？

如果要說上述這些故事有什麼樣的共通點，那就是：每個成功的減塑行動都是由個人或是一小群人的覺醒展開的。或許你很難想像自己的作為能怎樣改善塑膠汙染的現狀，但如果你知道生活在西歐或北美的人，每人每年平均用掉多少的塑膠量，大概就會明白自己的一點小改變會對整個環境產生多大的影響——每個西歐人或北美人每年都會用掉比他們體重還要重的塑膠量。由此可知，就算你只是這裡少用一個塑膠罐，那裡少用一個咖啡杯，都一定能讓塑膠的整體使用量下降。千萬不要覺得這樣的行動微不足道，聚沙成塔的力量遠超乎你的想像；你看，若非無數的水滴聚集在一塊，也無法成就這片廣袤的海洋。

每個成功的減塑行動都是由個人或是一小群人的覺醒展開的。

我們在生活中做出的每個轉變都會對現況掀起深遠的漣漪——如果我們能善於向其他人說明自己為什麼要這麼做，甚至能讓這股漣漪震盪出更為強大的影響力。畢竟，政治人物和企業的執行長也是人，他們就跟一般大眾一樣，只要我們願意將自己的故事與他們分享，告訴他們我們想要與塑膠分手的原因，還有我們認為他們需要對此給予協助的原由，就有可能說服他們，讓他們為減塑採取行動。人類本來就是群居的動物——每個人都會在家庭、朋友和同事之間建立綿密的人際網絡——

再加上社群科技的興起，我們更能輕易地將自己的想法分享給其他人。因此，當你讀完接下來的章節，並開始與你生活中的塑膠分手時，請你別忘了做一件重要的事，那就是把你的減塑行動和你做這些事的原因分享給你身邊的人。如此一來，其他人或許就會仿效你的行動，一起加入減塑的行列！

與塑膠的分手宣言

前面的內容我提及了一些反塑膠人士或運動的努力成果，如果這些事蹟讓你深受啟發，那麼在我們進入本書的下個段落，進一步探討如何與塑膠和平分手的細節之前，請你考慮在此先做個與塑膠分手的宣言。

從今天起，我保證會盡最大的努力與塑膠分手。這不會是一段輕鬆或短暫的旅程，在很多情況下，我甚至不太可能將塑膠完全逐出我的生活，但透過這則宣言，我保證我會盡可能做到下列這些事項：

- 盡可能拒用塑膠製品，如塑膠吸管、塑膠袋、咖啡杯或塑膠瓶。

- 盡可能減少自己的塑膠使用量，選用耐用的非塑膠製品。
- 在我不得不使用塑膠製品時（如塑膠容器），我會盡量重複使用它們。
- 盡可能回收或改裝利用我身邊的所有物品。
- 與大家分享我與塑膠分手的方法，並鼓勵他們一起加入我的行列！

簽名處＿＿＿＿＿＿＿＿ 日期＿＿＿＿＿＿＿＿

#擺脫塑縛

說到最激勵人心的減塑典範，一定要提到艾米和艾拉（Amy and Ella Meek）這對姐妹，在她們年僅十四歲和十二歲的時候，就創立了「兒童反塑膠」（Kids Against Plastic）這個組織，並常在新聞上，談論我們要與日常生活中塑膠分手的必要性。

你為什麼這麼在意塑膠的問題？

身為未來的世代，塑膠汙染將會是我們這一代無可避免的遺害，所以我們希望能及早縮小這份遺害的規模。從我們創建「兒童反塑膠」組織以來，已經撿拾了超過十萬件的「四大塑膠汙染物」（分別是一次性的杯子和杯蓋、吸管、塑膠瓶和塑膠袋）——每年都有不少海洋哺乳類動物因這些塑膠橫死海洋。我們也鼓勵許多咖啡館、企業、學校，甚至是我們當地的理事會成為「塑膠環保尖兵」（Plastic Clever）的一員；「塑膠環保尖兵」會避免使用一次性的塑膠製品，並向大眾推廣使用可重複使用物品的理念。除此之外，我們還透過演講（像是TEDx論壇）和校園工作坊等活動，以及在全國各地招募更多「兒童反塑膠」組織的工作人員，努力將這份減塑的理念傳達給更多人。

大眾可以做些什麼來幫助這場反塑膠運動？

成為「塑膠環保尖兵」！減少你的塑膠使用量，如一次性的杯子和杯蓋、吸管、塑膠瓶和塑膠袋。

你看過的最糟塑膠汙染實例是什麼？

蘇格蘭有個叫做阿羅赫爾（Arrochar）的小鎮，這座小鎮位在湖畔，但岸邊卻堆積著大量隨潮汐打上岸的塑膠垃圾。這個畫面真的是給我們當頭棒喝，讓我們明白塑膠汙染對當地人造成多麼嚴重的影響，而且這些廢棄物並非當地人所產生。我們看到當地人幾乎已經對這股永無止盡的塑膠浪潮舉白旗投降，但每月他們仍會盡力將湖岸的垃圾清理乾淨。由此可知，我們丟棄的塑膠製品不只會讓常上新聞版面的開發中國家受苦，也正在對全球各地的環境產生衝擊。

你見過的最佳減塑方案是什麼？

使用可重複使用的物品——此舉不只環保，還可以幫你省錢，因為現在絕大多數的咖啡店都會給自備杯子的客人一點折扣！

你為了減塑，在生活中做了哪些轉變？

我們會盡可能避免使用一次性塑膠製品，尤其是「四大塑膠汙染物」（分別是一次性的杯子和杯蓋、吸管、塑膠瓶和塑膠袋）。

說到塑膠時，什麼事讓你最看不慣？

產品上的塑膠包裝，有時候這些產品甚至根本不需要包裝！我們尤其看不慣被層層塑膠包住的新鮮蔬果，有些商家甚至完全沒有販售裸賣的商品，這簡直是強迫消費者帶一大堆不必要的塑膠回家！

你有什麼與塑膠分手的密技嗎？

從小地方開始減少塑膠的用量！拒用一次性的塑膠製品，其實能對整個環境產生非常大的正面影響力——這股影響力或許遠超乎你的想像。

你認為與塑膠分手面臨的最大挑戰是什麼？

事實上，我們都太過依賴這些包裝帶來的便利性了。我們應該努力打破自己對塑膠的依賴！

你認為在什麼條件下，我們最有機會與塑膠分手？

減少販售瓶裝水。已開發國家有安全的飲用水，根本不需要再去購買裝在塑膠罐裡的瓶裝水。

你最喜愛的海洋生物是什麼？

鯨魚。牠們的聰明才智和善解人意令人驚奇，我想人類很容易忘了其他物種也擁有這樣高階的特質。眾人都因《藍色星球2》的畫面感到震驚，因為這些美麗生物的生存正受到塑膠的嚴重迫害。

與家中的塑膠分手

知道了所有我們應該與塑膠分手的理由後，現在該是時候好好談一下執行這個行動的相關細節了。接下來的幾個章節會從各個不同的面向，提供你許多減少日常塑膠使用量的方法。不過有一點你一定要記住，那就是：千萬不要想一口氣執行所有的方法！這就像是一口氣為自己設下二十個新年計畫一樣，最終你大多只會一事無成。所以，請以緩慢而穩健的腳步，循序漸進地將這些新改變帶入你的生活中，並以週為單位檢視自己的成果，藉此擬定自己下週要使用（或不使用）哪些產品的計畫。至於要以家裡的哪個地方作為展開減塑行動的起點，就我的經驗來說，我認為浴廁會是個不錯的選擇。

5
與浴廁裡的塑膠分手

看看你浴廁的櫥櫃或浴缸的角落，你大多會在那裡看到一排塑膠瓶罐——而你一旦用完這些瓶瓶罐罐的內容物後，它們就注定會淪為無用的廢棄物。因此，現在就讓我們來看看，該如何將這些不必要的塑膠逐出浴廁吧！

選擇可再填充的產品

不管你買的是瓶裝的洗髮精、潤髮乳或護手霜，這些產品很可能都盛裝在塑膠製的瓶罐裡，而當你在一週或一個月後用完它們，往往就會直接換上一罐全新的瓶裝產品。不過，既然我們有心要減少塑膠的使用量，在這方面就可以多多選用可再填充的產品。你可以直接購買大包裝的產品，等用完後再另行填充；也可以自備較小的瓶罐，直接到店家補充用畢的產品。

絕大多數的居家用品店都有販售可重複使用的按壓式瓶罐；或者，你也可以重複利用一些使用過的精緻玻璃瓶罐，英國品牌尼爾氏香氛庭園（Neal's Yard Remedies）盛裝產品的藍色瓶罐就是不錯的選擇。目前已有部分店家開始提供這種裸賣居家清潔用品的服務，如果夠幸運，或許你還會發現你家附近就有這類商店。以宜珂（Ecover）為例，該比利時清潔品牌就在許多獨立店家裡設置了裸賣商品的補給站；還有許多超市也都有設置這類裸賣櫃位，讓你自備瓶罐裝填所需的清潔用品。不過礙於這類服務尚未普及，許多人暫時無法以這樣的方法減少浴廁裡的塑膠使用量，所以選擇到你家附近的量販店，或是到網路上購買大包裝的清潔用品，可能會是比較可行的做法。如果你家裡的空間夠大，我建議你可以買個五公升或十公升裝的清潔用品，這樣的分量夠你用個好幾個月（或更久）；使用時，你可以將它們分裝到較小的按壓式瓶罐裡以方便取用，用完後再重新補給即可。

美體小鋪（The Body Shop）之前就曾提供過再填充的服務，但後來因為欠缺客源而黯然收場，所以如果你想要你最愛的店家提供這樣的再填充服務，請不要吝於向店家經理表達你的需求，這樣才能讓他們明白，不提供再填充服務有可能會流失某部分的客源。遺憾的是，儘管設立這類裸賣櫃位對商家並非是件難事，但目前這類商家確實還是不太普遍。萬一你始終找不到可以提供你再填充服務的店家，那麼或許你可以考慮改用非液態的皂品和磨砂膏，這類產品都不需要用到塑膠包裝。

使用固體皂品

現在有越來越多人為了與浴廁裡的塑膠分手，改用固體的皂品來清潔身體和頭髮。固體皂品也因此再度成為市場的主流商品，舉凡國際品牌 Lush 到無數的網路商家，都有販售各類皂條或洗髮餅。選購這類皂品時請務必確認它們沒有使用塑膠包裝，而是用可重複使用的鍍錫鐵罐或盒子盛裝。以現況來說，直接捨棄液體皂，改用固體皂品，大概是你清空浴廁塑膠最簡單的方法。固體的香體產品也越來越普遍，你只要在網拍平台 Etsy 上輸入「天然香體劑」這幾個關鍵字，馬上就會跳出一大串產品任你挑選。

沐浴海綿

要找到非塑膠製的沐浴海綿不太容易。其實很多醫師建議不要在浴廁裡使用毛巾、浴巾或沐浴海綿等用品，因為若你未正確清潔、晾乾這些用品，它們大多會成為滋生細菌的溫床。但是，如果你洗澡不用沐浴海綿就會渾身不對勁，那我會建議你選用乾燥菜瓜製成的天然沐浴海綿——這類商品幾乎隨處可見。

避免使用含有塑膠微珠的產品

當然，盥洗用品的包裝可能不是你唯一要注意的問題，它裡頭的內容物也是你必須關注的重點。「塑膠微珠」是大家近年才比較熟悉的名詞，隨著世界各國陸續發現塑膠微珠對環境的負面影響，各地政府都已紛紛下令禁止在清潔用品和化妝品裡添加它們。添加塑膠微珠的產品大多主打去角質的功效，原本這類產品都是以天然的杏桃核碎粒當作去角質成分，但塑膠微珠問世後，它們很快就取代了天然的去角質成分，被企業廣泛添加在各類個人護理產品中，像是牙膏、防曬乳、化妝品、洗面乳和洗手乳等等。

雖然不少國家在意識到塑膠微珠對生態的危害後，陸續禁用它們，但仍有部分國家並未對它們發出禁令，或者是沒有嚴格執行禁令；所以在選購個人護理產品時，你還是要提高警覺，確認你所使用的產品沒有添加塑膠微珠，以免無意間成為汙染環境的幫兇，讓成千上萬的塑膠微珠隨著你的洗臉或刷牙水流入排水系統。「打擊塑膠微珠」（Beat the Microbead）是由多個反塑膠微珠團體結盟組成的組織，他們之前已經製作了一份實用的列表，羅列了所有承諾不再使用塑膠微珠的產品和企業，此表單可到他們的網站 www.beatthemicrobead.org 查看。

倘若你只是想先大概了解一下哪些產品含有塑膠微珠，或是想要知道你櫥櫃裡有哪些產品可能對環境造成傷害，那麼你可以看看你的產品包裝後面有沒有出現下列這些成分：

- 聚乙烯（Polyethylene，PE）
- 聚丙烯（Polypropylene，PP）
- 聚對苯二甲酸乙二醇酯（Polyethylene terephthalate，PET）
- 聚甲基丙烯酸甲酯（Polymethyl methacrylate，PMMA）
- 聚四氟乙烯（Polytetrafluoroethylene，PTFE）
- 尼龍（Nylon）

萬一你真的發現自己買到了含有塑膠微珠的產品，我建議你最好把它退回原商家，並要求退費。就算他們不一定會退你錢，但至少這個舉動可以讓店家知道，有顧客相當在意塑膠微珠的問題，不願因使用這類產品，對海洋造成不必要的汙染。

棉花棒

就在各國陸續對塑膠微珠下達禁令沒多久後，包括蘇格蘭和法國等地又接連禁用了含塑膠成分的棉花棒，這次英國很快就加入了這個行列。光是以英國連鎖超市維特羅斯（Waitrose）的含塑棉花棒銷量來看，這項禁令約可減少全英國21公噸的塑膠使用量——對這麼小的產品來說，這樣的成果還算不錯！

如果你一定要使用棉花棒來清理你的耳朵或是卸妝，我會建議你選用竹軸或紙軸這類無汙染的棉花棒，不要使用塑膠軸棉花棒。身為世界最大製造商之一的嬌生（Johnson & Johnson），就已承諾不再生產塑膠軸的棉花棒。可惜，嬌生只有對部分國家做出這樣的承諾，所以如果你居住的地方不在這份承諾內，你大可主動致電給他們，要求他們也對你的國家採取相同的舉措，因為他們本來就沒有理由做這樣半吊子的承諾。

化妝品

化妝品的包裝是個有點棘手的問題。雖然目前有少數幾個彩妝品牌（如 Fat and the Moon）會以鍍錫鐵罐來包裝腮紅或粉底等彩妝產品，但此時此刻，要你的化妝包裡完全沒有塑膠的存在大概會是件相當困難的事情。因此，如果你真的無法改用其他彩妝品牌的產品，那麼就請你向他們表達你的需求吧！給你最愛的彩妝品牌寫封信，讓他們知道他們產品的包裝不符合消費者的期待——你希望他們改變產品的包裝，以更友善環境的方式販售這些產品。

相較之下，卸妝品的部分就簡單許多。不要選購單包裝的卸妝棉，這類產品通常都是用塑膠包裝，而且有時候就連卸妝棉本身都是用塑膠纖維製成。市面上已有許多非塑膠製的卸妝棉選項，Sinplástico 網站出品的可重複使用卸妝棉就是不錯的選擇；或是你也可以選用植物根莖製成的蒟蒻卸妝海綿，這種海綿用畢後可如堆肥般完全分解。

護唇膏

所幸非塑膠包裝的護唇膏滿容易找到的，現在市面上除了有鐵罐裝的護唇膏外，也有紙管裝的護唇膏。不少主流品牌都有提供非塑膠包裝的護唇膏產品，或者你也可以上網搜尋其他的小眾品牌，在上百種的選擇裡，你一定可以找到一款能滋潤你雙唇，包裝又友善環境的護唇膏。

刷牙

要與牙齒護理這部分的塑膠分手需要耗費比較多心力。因為你不僅需要注意你的牙膏是否含有塑膠微珠，更要找到一款沒有裝在塑膠管裡的牙膏，以及一把完全不含塑膠成分的牙刷。如果你真的有心與口腔健康用品裡出現的塑膠分手，這裡有幾個方法可以供你參考。首先牙膏的部分，英國品牌 Truthpaste 和 Georganics 都是不錯的選擇，他們的牙膏都是玻璃罐裝，網路上就可輕鬆訂購到他們的產品。（請放心，這些牙膏還是會讓你的牙齒保持潔淨！）或者，你也可以選用牙粉，過去幾個世紀我們都是用它來清理牙齒，今日它同樣可以有效清潔我們的牙齒。很多品牌都有販售玻璃罐裝的牙粉，甚至你也可以參考凱瑟琳（Kathryn）的這份牙粉配方，在家自製牙粉（凱瑟琳是零廢棄生活的實踐者，詳情請見其個人網站 www.goingzerowaste.com）。

自製牙粉

- ¼杯木糖醇：它是天然的甜味劑，能避免細菌沾黏在牙齒上，並中和口中的酸鹼值，有助預防蛀牙。
- ¼杯小蘇打：一種非常溫和的研磨劑（abrasive，其研磨力比市售牙膏還要低），可以清除牙齒上的牙菌斑，分解牙齒上的汙漬分子，並中和口中的酸鹼值。
- ¼杯皂土（bentonite clay）：可吸附、帶出口中的毒素；含有鈣質，有助強化牙齒的琺瑯質。

把所有材料拌勻。皂土須避免接觸到金屬器皿，以免活性變差。我都會用木湯匙攪拌、取用牙粉，並以玻璃製的梅森罐保存成品。這款牙粉會為你帶來自然的清新口氣，使用時你也不必擔心會嚐到甜甜鹹鹹的味道，因為木糖醇的甜味會和小蘇打的鹹味相互抵消，而皂土本來就沒有什麼味道。

牙刷的部分，現在竹柄牙刷已經變得越來越普遍（還有木柄的選擇），這樣的轉變是件好事，至少表示絕大多數的牙刷企業都開始朝著友善環境、可生物分解的方向去製作牙刷。然而，在選購這些宣稱「無塑」的牙刷時，我建議你還是要詳閱包裝上標註的小字，因為你幾乎不太可能找到連刷毛都是用可分解材料製成的牙刷。就算是竹柄或是木柄的牙刷，它們的刷毛大部分都還是或多或少有添加某種形式的塑膠（就這類牙刷而言，Brush with Bamboo 這個品牌的竹柄牙刷，其刷毛的塑膠含量算是目前最低）。不過德國品牌 Cebra Ethical Skincare 倒是非常想要遵循古法，用豬鬃毛打造出一把可分解的全天然牙刷——只是這樣的產品當然不可能人人都能接受（例如素食者恐怕就會有所顧慮）。

餐後習慣用牙籤清理牙縫的人，則可選用可重複使用的鈦製牙籤。牙線的部分我則推薦 Le Negri 這個品牌，它是以天然的絲線製成，完全不含塑膠成分；Dental

Lace 這個品牌也不錯，雖然它的牙線本身是以塑膠製成，但它有提供補充包，能大幅減少牙線盒所產生的廢棄塑膠量。你也可以上網參考一些無塑生活部落客的推薦，選用其他以天然絲線製成的牙線。

除毛產品

如果你有除毛的習慣，又下定決心要與塑膠分手，那麼剔除體毛和鬍鬚的方法就成了你需要特別注意的部分，因為這個你每天必做的例行公事常會讓你用到許多一次性塑膠。就先從你的除毛刀說起，可替換刀頭的多刀片除毛刀其實就不是一種友善環境的產品，而拋棄式除毛刀對環境的傷害更是強大。想要減少除毛刀產生的塑膠廢棄量，請你選購一把可替換刀頭的單刀片安全除毛刀和一包刀片。剛開始使用這種單刀片除毛刀除毛，可能會讓你有點心驚膽跳，但是使用過後你就會發現，這種單刀片除毛刀的除毛效果就跟多刀片一樣好。更好的是，這種單刀片除毛刀的刀片價格相對經濟實惠，能讓你不必為了回本而一個刀片連用個一、兩個星期；而且只要你好好使用，這類除毛刀的刀把還能用上一輩子。大多數的大型藥妝店仍有販售這類除毛刀。

至於男性的刮鬍皂，要找到非塑膠包裝的產品並不困難，因為現在很多網路商店都有販售以傳統木碗包裝的刮鬍皂。刮鬍泡的部分，要找到非塑膠包裝的產品就不太容易，所以最簡單的做法，就是直接不要使用刮鬍泡，改用刮鬍皂或刮鬍膏。只要在網路上搜尋一下，你就可以找到多款環保包裝的刮鬍產品。Living Without Plastic的網站上（www.pfree.co.uk）就有列出幾種生產這類環保（或無）包裝的刮鬍膏或刮鬍皂品牌。

若要說在所有居家除毛的方法中，哪個除毛方式比較容易做到無塑的標準，那肯定就屬刮剃的除毛方式。不過假如你真的比較喜歡用「蠟」來除毛，我們還是有機會找到一些不含塑料的相關除毛產品。市面販售的蠟式除毛產品多半是以貼片的形式販售，而且這些貼片全都是用化學合成物質製成。MOOM是一個致力產銷無塑料除毛產品的品牌，該品牌不僅有販售有機蠟和除毛貼片，且寄送產品時也不會使用任何塑料包裝。或者，你也可以參考網路上的資訊，自製脫毛膏，許多奉行無塑生活的部落客也都會自己動手做。在網路上你可以找到上百種不同的配方，並從中調配出最適合你的蜜蠟配方；這些天然的蜜蠟配方很好沖洗，所以你用棉布條拔除沾附蜜蠟的體毛後，該棉布條只要稍加沖洗就可輕鬆洗淨、重複使用。

女性生理用品

說到如何與女性生理用品裡的塑膠分手，英國組織「城市到海」（City to Sea）的創辦人娜塔莉亞・菲（Natalie Fee）是這方面的專家。娜塔莉亞說：「大家認知到衛生棉墊和棉條產品含有塑膠成分的時候，全都嚇了一跳。」每位女性一生平均會用掉一萬兩千到一萬六千個衛生棉條，也難怪我們老是可以在海灘上發現被沖刷上岸的衛生棉條或它們的置入器——暴風雨過後，汙水道滿溢時，更容易看到這副景象。「城市到海」就透過自製的精彩短片《無塑經期？》（*Plastic Free Periods?*），向大眾揭露了拋棄式衛生棉墊的驚人塑膠含量，因為平均一片拋棄式衛生棉墊，其所含的塑膠量就相當於四個塑膠手提袋。另外，影片中他們也特別強調一個很基本的觀念，那就是千萬不要將衛生棉條丟入馬桶中，即便是主打可分解的款式也不例外——因為這些衛生棉條本來就不可以沖入馬桶！

想要減少使用衛生棉墊產生的塑膠量，綠可兒（Natracare）的有機棉護墊產品是妳的好選擇，它們家的產品一直朝公平交易和友善環境的方向永續經營，目前已於全球數十國販售。或者，妳也可以選擇 Tampon Tribe 這個品牌的生理用品，它們的產品理念和訴求也跟綠可兒一樣，提供消費者完全不含塑膠的產品；而且他們甚至還會依妳每月的消費，捐贈一定比例的生理用品給無家可歸的女性。另外，妳還可以選擇可重複使用的「月亮杯」，該產品的主打口號就是「妳只需要一個」。月亮杯的價格雖然比衛生棉墊和棉條貴上許多，但因為它可以重複使用，所以其實只要幾個月妳就會回本。

衛生紙和馬桶刷

女性的生理用品並不是唯一一個被沖入馬桶後，又重新出現在海灘上或大海裡的含塑廢棄物，濕紙巾也常常透過這種方式，重新出現在海灘上。市面上的濕紙巾大多是以生物無法分解的石化纖維所製成，一旦進入汙水系統，很容易造成未經處理的汙水滿溢，流入河川或海洋，對整個大環境帶來傷害。因此，假如你有使用濕紙巾清潔或卸妝的習慣，請到商家的日用品或臉部保養專區看看，或許你可以在那裡找到其他能夠取代它們的產品。抑或是，妳也可以徹底放棄這類產品，直接改用天然的布料沾取清水或清潔產品來清潔或卸妝。不過，萬一你真的有非用它們不可的需求，那麼請你務必記得，在使用完這些濕紙巾後，一定要把它們丟到垃圾桶裡，而不是丟到馬桶中！

衛生紙本身通常是用可分解的紙漿製成，但是包裝它的包材卻往往不是紙製的。Who Gives a Crap、Pure Planet、EcoLeaf 和 Seventh Generation 等企業出品的衛生紙可以解決這個問題，因為他們送至你家門口的衛生紙都是以紙製包材包裝。更棒的是，他們都是量販包裝，所以你就不用老是擔心家裡的衛生紙會用光！

至於馬桶刷，一般你在店家買到的或多或少都含有塑膠的成分，差別只在於有的是整把由塑膠製成，有的則是只有刷毛是塑膠。如果你想要買一把完全不含塑膠的馬桶刷，我建議你可以到 Plastic Free Life 這個網站訂購一把豬鬃馬桶刷（該網站還販售許多不含塑膠的日用品）——如果你是素食主義者的話，則可以參考 Boobalou 這個品牌的馬桶刷，它連刷毛也是用植物性的材料製成。

現在你已經大致了解該怎麼與浴廁裡的塑膠分手了，何不馬上根據你的喜好、預算和所在地，在下一頁的表格裡寫下專屬於你的浴廁無塑計畫——將你的計畫拍下，分享到網路上，讓其他人參考你的範例展開行動！

項目	無塑計畫
洗髮精	
皂品	
洗手乳	
刮鬍膏	

除毛刀	香體劑	沐浴海綿	口紅	粉底	腮紅	其他化妝品

牙刷	牙膏	護唇膏	卸妝品	女性生理用品	衛生紙	馬桶刷

其他

6 與臥室裡的塑膠分手

塑膠微纖維和衣服

絕大多數人聽到他們身上穿的衣服，竟然是造成海洋塑膠汙染的主要來源之一，都會大感意外。現在市面上販售的衣服多半含有尼龍或聚酯纖維，而這些粗細比我們頭髮還細的化學纖維，在我們每次穿脫、洗滌的時候，或多或少都會從衣服上脫落、進入環境。另外，我們丟棄這類衣服時，它們也一定會對環境造成某種程度的影響。快時尚當道，讓聚酯纖維成為製衣業的大紅人，因為它廉價、好操作，所以今日我們身上穿的衣服，大約有60％都是由聚酯纖維製成；根據聯合國的調查，二〇一六年紡織業大約生產了六一〇〇萬公噸的合成纖維。

二〇一七年，國際自然保護聯盟[1]（International Union for Conservation of Nature）發表的一份報告則指出，我們整個大環境的塑膠汙染，約有15％到31％是微塑膠造成。該報告的作者群估計，歐洲居民，每人每年平均傾倒至海洋裡的塑膠量，相當於54個塑膠購物袋；北美居民，每人每年傾倒至海洋裡的塑膠量，則達到一五〇個塑膠購物袋。這份報告進一步解釋，全球海洋裡有超過三分之一的塑膠都是來自這些塑膠微纖維，而這些塑膠微纖維都是隨著我們的洗衣水進入海洋。因為塑膠微纖維非常細小，大小不超過一公厘，所以在我們洗衣的過程中，它們很輕易地就可從我們洗衣機的排水系統進入環境。加州大學聖塔芭芭拉分校發表的一項研

1. https://portals.iucn.org/library/sites/library/files/documents/ 2017-002.pdf

究就發現，光是一件刷毛外套就可以釋放多達25萬條的塑膠微纖維。[2]得知這個事實讓我很心痛，我是個熱愛戶外活動的人，三不五時就會騎著腳踏車或划著獨木舟徜徉在大自然裡，但我從事這些運動所使用的裝備、穿的衣服，卻可能對環境造成極大的衝擊。

千萬不要覺得這樣的論調很荒謬，因為如果這些衣料的纖維真的如此微小，那麼它們確實會對海洋造成傷害。不過由於這個問題發展的速度太快，所以我們還不太清楚它到底會對環境帶來怎樣的整體影響。

一件刷毛外套就可以釋放多達25萬條的塑膠微纖維。

目前我們確切知道的是，這些合成纖維雖然小到我們無法單憑肉眼看見，但一

2. Hartline, N. L., Bruce, N. J., Karba, S. N., Ruff, E. O., Sonar, S.U. and Holden, P. A. (2016), 'Microfiber Masses Recovered from Conventional Machine Washing of New or Aged Garments', *Environmental Science & Technology*, Vol. 50, No. 21, pp. 11532–8.

且它們落入大海裡，在海洋生物的眼中，卻會把它們誤認為美味的浮游生物，如磷蝦或蝦狀的微小甲殼生物。這類微小浮游生物是海洋食物鏈的基底，體積較大的浮游生物、魚類和鯨魚等海洋哺乳類動物都會大量食用牠們。換句話說，落入海洋的塑膠微纖維將會透過這個途徑進入食物鏈，大量累積在食物鏈各階層生物的體內，最終，這些吃進大量塑膠微纖維的生物，甚至會出現在你我的餐盤之中，被我們吃進肚裡。除此之外，就像鳥類或鯨魚的胃部會因誤食其他體積較大的海洋塑膠而被阻塞一樣，誤食塑膠微纖維的微小浮游生物，其消化功能也會受阻，無法正常消化牠們賴以維生的藻類。[3]

國際自然保護聯盟預估，我們整個大環境的塑膠汙染，約有15%到31%是微塑膠造成。

3. https://www.researchgate.net/publication/236926420_Microplastic_Ingestion_by_Zooplankton

知道了這些事實，接下來我們又能做些什麼？倘若這些合成纖維的應用如此廣泛，對環境造成的汙染又大多無法靠肉眼察覺，你恐怕很難憑空想出一套化解這個困境的對策。有鑑於此，以下我整理出了一些方法，只要把它們落實在日常生活中，人人都可以為我們的環境盡一份力。

購物方面

少買衣服

我知道那種感覺，換季了，你自然想要換套合乎時節的衣服；或是你的牛仔褲裂開了，買一條便宜的新褲子或許是比較省事的做法。現在人人都可以用很低廉的價格買到衣服，所以我們常常會忘了，這樣的購衣模式其實是近代才興起的新現象：我們會因為一時興起就上街大肆治裝，而且還完全沒考慮到這樣的行為會對整個環境，以及製作這些衣服的人帶來怎樣的影響。因此，請盡量修補你的舊衣，或是利用去年的衣物搭配出新意；透過這些舉動努力減少你的購衣量，就是減少塑膠微纖維進入環境最簡單、有效的方法（而且還可以省錢）！總之，你把衣服穿得越久，對環境就越友善。

少買新衣服

任何新商品對環境都不是一件好事。下一次你要購物，我建議你到二手商店挖挖寶，畢竟，流行是一直循環的東西，在那裡你說不定也能找到今年流行的款式。另外，現在也有部分品牌利用再生塑膠製造環保衣物，款式從高級時裝到運動服飾都有，美國饒舌歌手菲瑞．威廉斯（Pharrell Williams）的自創服飾品牌就是一例。

少買合成纖維製成的衣服

在你買下一件衣服前，請先看看它的標籤，了解它是用什麼材質製成。如果可以，請選擇材質比較天然的衣物，如羊毛、棉和絲等。可惜，這些天然材質製成的衣物，售價確實會比較高，不過相對地，這類衣物如果做工精良，也能讓你穿很長一段時間。如果你打算買戶外活動的服飾，可以考慮瑞典北極狐（Fjällräven）和美國 Patagonia 這兩個品牌的產品，它們都竭力降低自家產品的塑膠微纖維用量。除此之外，假如你的狀況許可，請避免購買蓬鬆或是有刷毛的衣物，因為清洗它們的時候，它們可能會成為洗衣機裡造成塑膠汙染的最大罪犯。

讓服飾業聽到你的聲音

第十一章我們會更詳細介紹發起無塑運動的方法，但是如果今天你在店裡購衣，想要找件天然材質製成的衣物，卻發現你喜歡的款式都含有合成纖維，那麼請跟任何一位因服務不周、有所不滿的消費者做出一樣的舉動，那就是「抱怨」！越多人對此發出聲音——不論是私下跟店經理反映、發送電子郵件給客服團隊，或是透過社群媒體公開表達想法——就會有越多企業聽到大家的心聲，明白眾人不願再購買會汙染海洋的衣物。

洗滌方面

自問：「我真的需要清洗這件衣服嗎？」

只在必要時刻洗滌合成纖維製成的衣物。結束漫長的一天後，我常對自己把身上衣物丟到洗衣籃的舉動感到罪惡，因為待在辦公室一整天，這些衣服其實不太需要清洗就可再次穿上。

用更聰明的方法洗衣

服飾品牌 Patagonia 的研究發現，洗滌合成纖維製成的衣物時，若採取以下做法可以大幅減少塑膠微纖維從衣物脫落下來的數量：

- 低溫洗滌（最好是以冷水清洗）。
- 確認你的洗衣機呈滿載狀態。
- 選擇轉速較低和週期較短的洗滌模式。
- 使用衣物柔軟精和液態洗滌劑。

買一個 Guppy Friend 洗衣袋

這是一款專為塑膠微纖維汙染開發的洗衣袋，其特細網目可有效防止衣料上的塑膠微纖維隨洗衣廢水進入環境中。把你的合成衣物放到 Guppy Friend 洗衣袋洗滌，其特細網目就會將從衣物脫落的塑膠微纖維留在網內，你只要在洗完衣物後，將袋內的塑膠微纖維棄置垃圾桶即可。或者，你也可以試試 Cora Ball 這款洗衣球，它是專為攔截洗衣機裡微小纖維所設計的洗衣小物。

買一台備有微纖維過濾器的洗衣機

雖然現在市面上還沒有販售這種洗衣機，但歐盟出資的「美人魚」（Mermaids）計畫已在開發這類裝置；而且我相信隨著大眾對這方面的需求日益增加，這種內建微纖維過濾器的洗衣機很快就會出現在市場上。未來幾年如果你打算買一台新的洗衣機，或許可以多多留意有無機會購得配有這類過濾器的機型。

選用比較沒使用塑膠包材的洗滌劑

這點雖然跟塑膠微纖維沒什麼關聯性，但你用的洗滌劑的包裝，確實也是衍生塑膠廢棄物的來源之一。使用紙盒包裝的洗衣粉，不要使用單包裝的洗衣膠囊；如果你偏好液態的洗滌劑，請購買大包裝的產品，以減少塑膠瓶罐的使用量。

寢具、地毯、家具和床墊

當然，衣物並非臥室裡唯一含有纖維的物品。軟質的家具，如窗簾、地毯、靠墊等等，皆可能含有合成纖維——話雖如此，但因為你清洗它們的頻率低很多，所以在塑膠微纖維這個部分，它們所衍生的問題就比較小。至於寢具方面，你則必須比照衣服的標準選購它們：選擇使用棉和絲等天然材質製成的床單和床罩。

如果你真的非常關注這個問題，希望多盡一份心力減少塑膠微纖維進入環境的可能性，那麼你可以在軟質的家具上多花點心思，選擇一些由再生塑膠製成的產品。Weaver Green 這個品牌就致力用再生的塑膠瓶罐生產各式軟質家具，舉凡坐墊、地毯、袋子，甚至是狗狗的床墊等應有盡有，而且價格也越來越親民。（最令我吃驚的是，它們甚至可以用這些再生的塑膠做出羊毛的質感！）除此之外，Nimbus Beds 和 Silentnight 這兩個寢具品牌，也有推出不少用再生材料製成的床墊、枕頭和棉被等產品。我敢說，接下來幾年，這類產品一定會變得越來越普遍和平價，因為大家都逐漸意識到，搶在這些塑膠進入環境前，將它們攔下是多麼必要的事情。

7 與廚房裡的塑膠分手

「食」是民生需求中最不可或缺的一項，也因此在與塑膠分手時，廚房常會成為最讓人望之卻步的部分，尤其現在絕大多數超市的食材都不會裸賣，更是讓有志減塑者面臨極大的挑戰。根據統計，我們購入產品的包裝，就占了自己生活中將近一半的塑膠使用量。假如你曾跟任何一間大型超市談論過減少塑膠包裝的必要性，他們通常都會搬出一套統計數據回覆你，那就是：雖然塑膠包裝是個問題，但是沒有塑膠包裝，就會造成四成以上的食物浪費。不過，最近歐洲地球之友（Friends of the Earth Europe）的報告卻發現，塑膠包裝的使用量與食物浪費量有正相關；該報告指出，二〇〇四年到二〇一四年間，歐洲家庭的廚餘量增加了近一倍，而這段期間，塑膠包裝的使用量也增長了25%以上。

該報告也發現，許多包裝甚至會衍生更多的食物浪費，因為品牌和零售商為了提高銷量，常會過度包裝商品，並打出「買一送二」或「第二件半價」的口號，吸引消費者的目光，讓消費者購入超出他們需求的商品。消費者調查顯示，比起多入的促銷方案，大部分消費者還是比較喜歡單入的減價商品，然而就目前的情況來看，零售業者大概還是會繼續以這種過度包裝的方式來行銷品牌或是增加業績。顯然，從這份研究報告我們可以看出，終結食物浪費的路徑跟終結塑膠汙染的路徑很像，因為兩者都必須多方配合才有辦法化解。舉例來說，如果超市不要老是覺得貨架上必須時時刻刻擺滿商品，而是依消費者的需求量來鋪貨；或是不要老是堅持販售賣相最好的蔬果，那麼我們食物浪費的數量還會這麼多嗎？

超市是個競爭激烈的行業，事實上，所有的零售行業都是如此。這些零售業者每個月的銷售數據都會由專業的團隊仔細檢視，力求從中找出擊退他們鄰近競爭對手的線索。為了讓自己的業績領先同業，這些超市還會組成一個專門發想創意行銷方案的團隊，好讓商品更有能見度，並對消費者產生更大的吸引力。人們總說「需要乃發明之母」——那麼就由我們來讓這些超市了解開發新包材的必要性，並敦促他們加快改善產品包裝的腳步。以英國為例，連鎖超市 Iceland 已率先承諾，將於二〇二三年全面禁止自有品牌的產品使用塑膠包裝。勇於表達我們的聲音和不滿，即便你只是在網路購物的評價裡提到不想要塑膠包裝的事，都有助商家了解到消費者的需求，並進一步要求團隊裡專業的工程師和設計師針對這個需求擬定改善的方法；如此一來，我們也才有機會擺脫這些使用了大量塑膠包裝的產品。

二〇〇四年到二〇一四年間，歐洲家庭的廚餘量增加了近一倍，而這段期間，塑膠包裝的使用量也增長了25%以上。

儘管要讓這些使用大量塑膠包裝的商品消失在貨架上，並非一時半刻可以達成的目標，但此刻你還是可以透過下列方法，盡可能減少你廚房裡的塑膠量。

採買前

擬定採買清單

在你踏出家門前，請你先在心中快速擬定一份採買清單，並想清楚你要到哪裡買到這些東西。就我個人的經驗，我發現自己最常在匆忙、毫無計畫的購物過程中，使用大量的塑膠袋。因此我建議你在出發採買前，務必先花點時間規劃一下你的購物行程，你會發現，此舉大多可以有效降低你出門衍生的塑膠廢棄量。

與塑膠袋說拜拜

你踏出家門，前往商家採買前，要確認的最後一件事，就是你有沒有把可重複使用的購物袋帶在身上。這些購物袋可以是超市買來的「環保購物袋」，也可以是棉製的手提袋，甚至是一般的帆布後背包。全球每年都會使用超過五千億個塑膠袋——也就是說，每分鐘我們至少就用掉了一百萬個塑膠袋——所以用可重複使用的購物袋取代塑膠袋，或許就是你與塑膠分手最簡單的方法。如果你是在網路購物，則請務必在評價欄寫下你的意見，向商家表達你不想要商品以塑膠袋包裝、運送的訴求。一開始超市不一定會理會你的意見，但如果有越來越多人都在評價欄裡表達了這樣的訴求，超市可能就會開始正視這個意見，並做出改變。

用可重複使用的購物袋取代塑膠袋，或許就是你與塑膠分手最簡單的方法。

採買地點

無論你在哪裡都可以採取的行動

如果你選擇繼續在你最愛或是最方便購物的商店消費，可以採取這樣的行動——盡可能避免購買過度包裝的產品，並且以消費者的身分對他們施壓，要求他們在減塑上多盡點心力。舉例來說，你可以試著當面（或打電話）與他們店裡的經理或客服代表談談；或者，如果你有使用社群媒體的話，請為那個令你沮喪萬分的產品包裝拍張照，並在上傳的相片裡標註該店家的名稱。

♻ 善用社群媒體的力量

社群媒體除了是發洩你沮喪心情的好管道外，還能讓企業慎重思考大量使用塑膠包裝的必要性。拍下使用大量塑膠包裝的產品，上傳到社群媒體上，而且一定要在照片裡標註相關店家或品牌的社群媒體帳號。Instagram、Snapchat、推特、臉書或是任何你有註冊的社群媒體平台，都是很好的發聲管道。在你發表這類貼文時，也歡迎你標註：

#擺脫塑縛

每個跟我談過的人都會想到，當時他們在超市買到那些用大量塑膠包裝的產品時，心裡有多麼憤怒。要在超市裡找到使用大量塑膠包裝的產品並不難，因為這種產品多到不勝枚舉，例如獨立包裝的水果、盛裝在塑膠托盤上又被封上保鮮膜的肉品、專為一口大小的塊狀巧克力設計的分格塑膠盒，或是用過大塑膠袋包裝的少量冷凍蔬菜等等，都是超市裡常見的例子。早在二〇一八年，在各家品牌或零售業者紛紛對減塑做出承諾的氛圍下，英國百年超市馬莎百貨（Marks & Spencer）就曾因為自家產品過度使用塑膠包裝，鬧上社群媒體的版面；大家發現它們販售的一款「白花椰菜排」（切成牛排狀的白花椰菜）竟然要價兩英鎊——一份才兩片，而且是以塑膠包裝——售價整整是一朵裸賣白花椰菜的兩倍。一名消費者對此感到荒謬，把這項產品的相片上傳到推特上，此舉馬上讓馬莎的這項產品成為眾人揶揄的對象，而後來馬莎也立刻將這項產品下架。這個例子告訴我們：如果你看到貨架上有任何過度使用塑膠包裝，或有違常理的產品，請大方地將它告訴你的朋友、家人和社群媒體上的追蹤者，因為這個動作或許可以幫助部分企業明白，他們的包裝有多麼不合時宜。

許多主流的超市也會以裸賣的方式販售蔬果，有時候甚至還會販售一些「賣相欠佳」的農產品，透過選購這類產品，你不僅能減少塑膠廢棄量，還可同時降低食物浪費。

跟在地的獨立小店採買

或者，你可以開始尋覓其他的採買地點，選擇在比較沒有使用大量塑膠包裝的商家購物。在地蔬果攤、健康食品店和傳統市場等，都是取得裸賣蔬果的好地方，在那裡買菜你可以把它們裝在紙袋裡，或者是直接放到你自備的購物袋裡。在地的肉販、熟食店、烘焙店和魚販也比較會用紙包裝你的新鮮食材，或是有機會直接把他們的商品放入你自備的容器裡。新鮮販售的食物大多不太會用到塑膠包裝，因為這類產品標榜的就是「新鮮買，新鮮吃」，所以根本不需要再用任何包材去包裝、儲存它。不過就算你家附近沒有這類在地的獨立小店也不必擔心，現在有許多大型的超市也設有新鮮肉品和乳品專區——你可以看看該專區的服務人員，願不願意用紙包裝你選購的乳酪或肉品，甚至是直接把它們放入你自備的容器裡。

當然，並非人人都可如願找到合適的在地商家——有可能它的售價對你來說太貴，或是產品的選擇太少——在這種情況下，你或許可以考慮提供宅配服務的商家。Farmbox 和 Riverford 都是不錯的選擇，你在線上選購他們提供的優質在地蔬菜或肉品後，他們便會將這些新鮮的商品裝箱宅配到府。或者，你也可以選擇有減塑概念的超市，要求他們在配送時，不要用任何塑膠包材包裝你訂購的商品。我想對許多忙碌的現代人來說，宅配應該算是個省時、省力又能減少廢棄物的好幫手。

無塑購物的未來

目前這個無塑購物的概念正逐漸在全球發酵，世界各地有不少商家都紛紛以實際的行動響應，致力提供消費者無塑的購物環境；能看到這樣的發展，著實振奮人心。從澳洲費里曼圖的 Zero，到英國托特尼斯的 Earth.Food.Love，這些獨立的商家都跟消費者一樣，對過度包裝的產品感到惱怒，因而正努力翻轉這個現象，試圖為消費者打造一個無塑的購物空間。

採買品項

新鮮農產品

所以問題來了，想要減少你的塑膠使用量，你應該買些什麼呢？就如先前所說的，選購新鮮和在地的食物通常是減少塑膠包裝的最佳方法。這樣的選擇不少，諸如城鎮裡的市集，或你家附近的熟食店，都是可以幫助你減少塑膠使用量的商家。你可以請他們把你選購的蔬果或商品，直接裝到你的購物袋或容器裡；如果你跟店家的老闆建立不錯的交情，還可以跟他們談談減少塑膠包裝的方法。話雖如此，但若要我說我在蒐集這本書的資料時，對哪一件事有了更深刻的體悟，那就是並非每一個人都擁有徹底落實無塑購物的條件。你居住的地點和你能花多少時間研究減塑的方法，都是決定你能否徹底落實無塑購物的重大因素。因此，千萬別因為你的條件不允許你做到百分之百的無塑購物而感到氣餒，因為你還是可以透過許多簡單的小舉動減少塑膠的使用量。比方說，不再購買超市裡使用大量塑膠包裝的農產品，改買散裝的裸賣蔬果，就是一個減塑的絕佳方法。

乾貨

在你採買的食材中，乾貨也屬於可以輕易減少塑膠使用量的一類食材。這是因為乾貨在廚房裡是最好保存的食材，依照你的用量，你大可一次買個五到十公斤備用。如果你家附近的商店或是超市沒有販售這麼大包裝的乾貨，那麼你可以找間網路量販店訂購，Infinity Foods 或 Naturally Good Food 都是不錯的選擇，而且他們一直有在包裝減量上下工夫。

想要在大量採買之餘，兼顧料理時取用的方便性和儲存上的品質，你需要先在廚房準備一些好用的容器。你可以廢物利用，蒐集一些洗淨、乾燥的舊玻璃罐；也可以到跳蚤市場或是居家用品店，添購一些比較講究的食物密封罐。做好準備工作後，你就可以購入大包裝的乾貨，如義大利麵、穀類和豆子等，然後將一部分分裝進你先前在櫥櫃裡準備的容器，以方便取用。完成分裝後，記得先用夾子或是橡皮筋將袋口密封，以防袋裡的其餘乾貨受潮，再將它們存放到廚房櫥櫃的後側或是食物儲藏室。在乾燥的環境下，義大利麵可以存放三年左右，多數米類甚至還可以存放更長的時間；所以與其買小包裝的乾貨，製造一大堆不必要的塑膠廢棄物，倒不如善用分裝這個小技巧，購入大包裝的乾貨，減少塑膠包裝的用量。

在你採買的食材中，乾貨屬於可以輕易減少塑膠使用量的食材。

如果你想做的不僅僅是減少塑膠的使用量，而是減少生活中整體的廢棄量，那麼你就要考慮，不要再選購一打開就可以烹調的豆類罐頭，因為這些罐頭食品通常也會使用塑膠封膜或是塑膠標籤。選購大包裝或是散裝的乾燥豆類會是比較環保的做法，雖然烹調這些乾燥的豆子前，你可能需要先多花一點時間浸泡它們，但好處是，這些乾燥豆類的售價往往都會比較便宜。除此之外，儘管鋁罐的回收率比大多數的塑膠包裝高，但鋁罐在產製過程中，其實本身就會衍生一連串問題，所以如果可以的話，最好還是盡可能避免選購罐頭產品。有鑑於環保風氣盛行，現在全世界也有許多商家開始販售以紙袋包裝的小包乾貨（甚至是裸賣，讓你用自備的容器來盛裝所需的乾貨），滿足消費者在少量購買之餘，還兼顧友善環境的心願。

今日，食物浪費的現象日益嚴重，購買多入裝食品也是一大因素——這些產品除了會過度使用塑膠包裝，還會造成許多食物被丟進垃圾桶。購物時，一定要提醒自己只買自己需要的分量，而不要因為覺得多入裝的價格比較划算，就買入超出自己需求的商品。當然，如果你對某樣產品的用量真的比較大，想要省點錢，比起多入裝的小包裝產品，單入裝的大包裝產品會是你更好的選擇（甚至可以的話，請盡量選擇紙製包裝的產品）。

自己下廚

如果你熱愛烹飪，或是時間上有餘裕的話，採買裸賣的新鮮食材，自己在家動手料理，就是你與塑膠分手最有效的方法。我們在採買的食物中，零食是最容易產生一堆塑膠廢棄物的品項，洋芋片、巧克力，甚至連切好的蔬果或是沾醬都屬此類。自製酪梨醬或是能量棒不只省錢，你還能用可重複使用的非塑膠容器盛裝它們。大量自製點心一點都不困難，而且儲存上也相當簡便，所以現在就上網找出你最愛的食譜吧！

避免不可回收的塑膠

購物時，用以下幾種塑膠包裝的產品請你不要購買，分別為：保麗龍、聚苯乙烯（polystyrene）和聚氯乙烯（PVC）；因為這幾類塑膠通常不會進入回收系統，而會落入垃圾掩埋場或是我們的環境中，對整個生態造成汙染。荒謬的是，至今還是有很多超市仍在使用這種無法回收的包材來包裝商品。

常常用來盛裝即時餐點、新鮮水果和肉品的黑色塑膠托盤，雖然大多是用可回收的塑膠製成，但由於回收場的分類機器無法區分它們和黑色運輸帶的差別，所以最終這些塑膠也都會被送到焚化廠或掩埋場處理。研究顯示，把這類托盤的顏色改為其他顏色，就可改善分類機器誤判的機會，而且每個托盤的成本只會增加不到〇．〇一英鎊。每年都會有數十億個這樣的托盤無法進入回收系統，因此，如果你相當介意你喜愛的即時餐點是造就這龐大數量的一員，請務必向生產該產品的公司表達你的想法。

萬一你真的別無選擇（這是很常見的狀況），在選購塑膠包裝的產品時，請注意包裝上是否印有國際通用的回收標誌（該標誌為三個箭頭組成的三角形），盡量選擇印有這個標誌的商品，因為這表示你至少可以在某個地方回收利用它。凡是沒有印這個標誌的包裝，你都應該避免購買。依國家和城市的不同，各地區的回收標準可能會有不小的差異，所以我不太可能在這裡把所有的回收項目列出來。不過，現在網路這麼發達，只要動動手指，你就可以輕鬆找到相關的資訊。根據你的所在地，到當地的環保局官網上瀏覽，就會在某處找到一份清單，上面會清楚列出你可以在當地回收的項目，比較周全的網頁還會附上各類塑膠的回收標誌。

飲品

在海灘或是海洋裡最常見到的一類廢棄物，就是飲料的包裝。除了塑膠瓶罐和瓶蓋這些大家熟知的海灘垃圾（這部分我們會在下一章詳細討論），可一次提六罐啤酒的「塑膠提環」（sixpack plastic rings）、咖啡膠囊，甚至是茶包，都是造成我們環境汙染的主要成員。

咖啡膠囊

隨著廚房裡越來越常見到咖啡機的蹤影，一次性咖啡膠囊的市場也變得越來越大，諸如雀巢等大廠都紛紛投入這個市場。然而，這些咖啡膠囊的外殼往往都是以塑膠殼和鋁箔封膜包裝——絕大多數回收場都不願意特別花工夫把這兩種材質分開。

如果你還沒有添購這種單杯式咖啡膠囊機，那麼我會建議你先想想這類咖啡機對環境造成的相關衝擊，然後改選擇法式濾壓壺，或是其他比較環保的咖啡機機種（這類咖啡機的體積通常都會比較大）。在德國漢堡，其政府為了減少城市的廢棄物量，已經下令各行政機關不得使用咖啡膠囊這類包裝不易回收的產品；在美國，則有團體發起抵制 Keurig 產品的運動，因為該咖啡膠囊大廠只承諾二〇二〇年會將咖啡膠囊的外包裝改為百分之百可回收的材質，而抵制的行動已讓他們的銷量大減。

儘管如此，但假如你真的很需要早上輕鬆快速地來一杯提神醒腦的咖啡，這裡還是有一些折衷的方法可以降低咖啡膠囊對環境的衝擊。首先，你可以選擇可生物分解包裝的咖啡膠囊，這表示使用完這些咖啡膠囊後，你可以把這些包裝跟廚餘放在一塊兒。許多企業都有生產這類可生物分解的咖啡膠囊，Lavazza 和 Dualit 就是其中幾家，未來也會有越來越多品牌跟進。根據你家膠囊咖啡機的機型，你可以上網尋找，或是到你家附近的超市詢問，看看有無適用你使用機型的可分解咖啡膠囊。萬一你運氣不好，找不到適用你家咖啡機的可分解咖啡膠囊，那麼另一個最好的替代方案，就是找一款你使用後可回收的咖啡膠囊，尤其是要挑選容易回收處理的材質（包裝上應該印有回收標誌）。有些品牌亦有提供回收膠囊的服務，你可以親送或是用郵寄的方式，把用過的咖啡膠囊送到指定地點回收；雀巢在部分地區甚至還推出了專人到府收件的服務。

茶包

可分解包裝的原則，同樣可套用在茶包上。遺憾的是，這股用塑膠包裝一切物品的風潮也延燒到了茶包，許多茶公司都開始用塑料來製作茶包；而許多不知情的消費者，就在順手把這些茶包丟入廚餘桶的舉動中，無意間成了汙染環境的兇手。在超過二十萬名園藝家簽署請願書，向聯合利華表達無塑包裝的訴求後，該公司終於承諾，其旗下的茶品牌 PG Tips 將不會再用塑膠製作茶包。如果你選購的品牌上沒有標示「不含塑膠」的標語，請上網了解一下他們是否有對此發表任何聲明；假如沒有，下一步你可以打電話、發送電子郵件或是到他們的社群媒體平台上，與他們的客服團隊再次確認他們對此事的態度。倘若你真的非常想要把廢棄物的數量降到最低，那麼你可以考慮早上直接用散裝的茶葉泡茶——你可以用配有過濾網的泡茶壺泡製，也可以直接把茶葉裝在濾茶球裡，丟到馬克杯裡沖泡。

牛奶

雖然玻璃瓶裝的牛奶已不再像從前那樣常見，但是全球還是有許多地方仍有提供這種玻璃瓶裝的牛奶。喝完這些牛奶後，你可以將牛奶瓶退回供應商，讓供應商洗淨它們，再次裝填新鮮的牛奶。現在就上網搜尋一下，看看你家附近是否有提供這種服務的供應商。如果你住在比較鄉村的地方，則可以從附近的農場下手，看看是否有農家願意直接將牛奶裝到你自備的瓶罐裡。

烹調和清潔

我們在廚房裡使用的廚具有時候也會對地球造成傷害。盡可能使用二手的玻璃器皿（如用過的玻璃罐），或是可長久使用的金屬製器皿。此舉也能同時幫助你減少外食的塑膠使用量——如你在下一章將看到的，外帶餐點正是過度包裝的一大罪魁禍首。準備一些有附蓋子的容器，這樣你就不需要用保鮮膜保持食物的新鮮度；

或者，你也可以參考看看其他友善環境的保鮮產品，如 Bee’s Wrap 的天然封蠟保鮮膜或 Eco Snack Wrap 的萬用環保食物袋。

另一個簡單的減塑方法，就是買大包裝的清潔液。洗滌劑或清潔劑都是滿容易找到大包裝的產品，或者，就像我先前在浴廁用品的部分說的，你也可以去找有裸賣清潔液的商家，自備合適的容器去店裡填裝。在這方面，宜珂是所有企業中做得最好的；它在許多主流商店裡都設有裸賣專櫃，也和不少線上平台、市集和小型商家合作，提供消費者自備瓶罐裝填所需清潔用品的服務。更重要的是，他們產品的包裝絕大部分都選用可回收的材質，努力想要從源頭減少他們包裝對環境的影響。

在刷洗廚房的時候，你也可以選用先前在浴廁部分介紹過的天然菜瓜布——這些可經生物分解的菜瓜布在壽終正寢的時候，不會淪為只能送到掩埋場的垃圾，而是可以直接丟到廚餘桶裡做堆肥。或者，你也可以使用專用的抹布來擦拭碗盤或地面，只要你有定期清洗它們，它們的清潔效果其實比用過即丟的廚房紙巾好很多，而且廚房紙巾的材質還不一定可以回收。選購抹布時，請盡量選擇以羊毛或棉等天然質料製成的產品，以降低塑膠微纖維汙染環境的機會。

說到與廚房塑膠分手的權威，非「零廢棄煮婦」安妮・瑪莉莫屬。如果書中提供的這些內容無法滿足你的需求，或是你想要更進一步地徹底剔除下廚時產生的所有塑膠，那麼你可以參考她的著作或是部落格，裡面分享了許多廚房減塑的技巧和食譜，讓你能用無塑膠包裝的食材做出一桌美味的菜色。假如你不熱衷烹飪，比較喜歡外食，那麼請跟你最愛的外食餐館談談，看看他們是不是可以考慮改用非塑膠的外帶器皿，或是乾脆讓你用自備容器盛裝餐點。

現在你已經大致了解該怎麼與廚房裡的塑膠分手了，何不馬上根據你的喜好、預算和所在地，在下列表格裡寫下專屬於你的廚房無塑計畫——將你的計畫拍下，分享到網路上，讓其他人參考你的範例展開行動！

項目	無塑計畫
塑膠袋	

新鮮蔬果	肉類和魚類	乳品	乾貨	零食	咖啡	茶

食物儲存	洗滌劑	海綿和抹布	外帶餐點	你常買的其他品項

8
與外食時的塑膠分手

走在街上，我們常會看到外食產生的垃圾散布街頭。人行道上的零食袋、外帶餐盒、咖啡攪拌棒和瓶罐等，都提醒著我們，現代人生活的步調有多麼快速，甚至沒有時間好好坐下來享受這些食物。因此，我希望透過這章的內容，你能試著思考自己可以怎樣減少外食產生的垃圾量。

不過如果你是在匆匆忙忙出門時，忘了攜帶環保餐具，又很想要吃個東西或是喝杯咖啡提神，不得不使用店家提供的外帶餐具，就別太苛責自己。因為即便一整年裡，你有整整一週的時間忘了自備環保餐具，但只要在剩下的五十一週裡，你都有落實外食減塑的理念，那麼你還是為減塑盡了不小的心力。忙碌的生活型態造就了我們來去匆匆的外食習慣，而這些習慣更不可能在一夕之間改變。可是倘若我們真心想要與塑膠分手，就必須逐步改掉這些習慣——別忘了，我們也是近年才養成了這些講求迅速、方便的外食習慣。幸好這是一個可以循序漸進達成的目標，因為有許多快速且成效非常好的方法，都可以減少你在外食時的塑膠使用量。

塑膠瓶罐

就在不久之前，相較於可重複使用的玻璃瓶罐，塑膠瓶罐其實是很少會出現在日常生活中的物品。然而今日，每年全球約會售出五千億個以塑膠瓶罐包裝的商品，而且這個數值還一直在成長——目前已到達每秒售出兩萬個的境界。如果我們把這些塑膠瓶罐頭尾相連地排成一列，它們的長度甚至相當於地球到太陽距離的一半。儘管使用塑膠瓶罐包裝商品能帶來一些好處（例如塑膠瓶罐的重量比較輕，所以可減少運輸時的碳排放量），但用它們來取代傳統的玻璃瓶罐實在是個不智之舉，因為我們根本沒有考量到它們在使用後的後續處理問題。所幸目前全球仍有部分地區保有以玻璃瓶罐裝填食物的習慣，而且這種風氣在非洲和拉丁美洲國家尤其普遍，他們的牛奶和果汁通常都是以玻璃瓶盛裝；換句話說，如果塑膠瓶罐尚未成為這些國家的主流包裝，那麼製造商和零售業者就應該避免在當地販售以塑膠瓶罐盛裝的商品。

不容忘記的是，這種常見於外食的塑膠餐具，確實能讓許多人的生活變得輕鬆許多；比方說，沒有吸管就無法輕鬆飲水的人，或是居住地沒有安全飲水的人，都會因為它們而受惠。我們願意努力與生活中的塑膠分手，並樂於將這份理念推廣給身邊親友的舉動絕對值得讚許，但這不代表我們就可以在不了解對方處境的情況下，任意指責其他人或國家使用塑膠的行為——相反地，我們應該考量他們背後是

否有什麼還離不開塑膠的原因。吉米・辛克儀克（Jamie Szymkowiak）是提倡身障者權益組織「五分之一」（One in Five）的創辦人，他寫下以下這段文字，是想要告訴大眾，我們在與塑膠分手之際，為什麼不該對使用塑膠製品的身障者抱有敵意：

響應大眾對塑膠汙染的關注，許多運輸業、連鎖電影院和餐廳，以及體育館都承諾將逐步停止提供塑膠吸管。少數企業表示會用紙製或金屬製吸管取代塑膠吸管，部分企業則表示，在找到合適的替代方案前，會全面停止供應吸管。可是就在我們打算讓一次性的塑膠吸管徹底消失在生活中，政治人物也大力相挺這個理念的同時，我們一定要從一個比較廣的角度去看待這項禁令所牽涉的層面，特別是它對身障者的深遠影響。

普通的塑膠吸管不只售價便宜、可以彎曲、適用於冷熱飲，取得上也相當方便。對部分身障者而言，這些塑膠吸管的特點正是幫助他們獨立生活的重要元素。在這裡要特別提醒大家的是，「身障者」這個名詞之下涵蓋了許多有著不同需求的失能者，而這股打算將目前如此普遍的塑膠吸管全面禁絕的趨勢，已經讓許多身障者感到焦慮。

身障者可能需要花比較長的時間飲水，因此濕濕的紙吸管有可能會增加他們嗆到的風險。再者，大部分的紙製或矽膠製吸管都不可彎曲，但對活動能力上欠缺的身障者來說，吸管的可彎曲性是很重要的特性。至於金屬製、玻璃製或竹製的吸管，則對無法控制咬合力和有神經系統疾病（如帕金森氏症）的人存有明顯的危險性。有些身障者會用吸管喝咖啡或是湯，但是絕大多數取代傳統塑膠吸管的替代品（包括先進的可生物分解吸管），都不適合用於超過攝氏40度的飲品。另外，在公眾場所提供可重複使用的吸管恐怕也會有衛生上的疑慮，因為它們有可能不太容易清理乾淨——你會願意用一根被很多陌生人用過的吸管喝東西嗎？

「身障人士應該自備吸管」，這是非身障人士針對這個議題最常提出的回應。在你說出這句話前，我希望你能好好想想。我們出門除了要隨身攜帶身障者證明（Blue Badge）、藥物、金融卡和手機之外，現在我們還必須時時刻刻記得帶一根吸管，以確保我們能在口渴時順利喝水嗎？

其次是費用的問題。根據身障慈善機構Scope的調查，英國身障者已經因為他們身體失能的狀況，每月都必須額外負擔五七〇英鎊的花費。因此，如果你接受社會有責任打造一個更友善每一個人的世界，就不該將這筆費用轉嫁到身障者身上。畢竟，沒有社會正義的環境正義，根本稱不上正義。

我們可以做些什麼？

身為提倡身障者權益組織「五分之一」的一員，我想拜託吸管製造商生產一款友善環境、可彎曲又適用冷熱飲品的非塑膠吸管——這一點我們也需要非身障朋友的支持。由於企業在跟吸管供應商訂貨的時候，不太可能一次添購四到五種講求不同性能的吸管，所以我們需要有一個全方位的解決方案。

BBC《第一秀》（*The One Show*）的某集節目採訪了連鎖超市 Iceland 旗下的 Iceland 食品（Iceland Foods），節目中該企業的總經理理查德．沃克（Richard Walker）向觀眾展示了一款透明、可回收的紙製封膜，他們打算用這款包材取代他們多數冷凍食品原本使用的塑膠封膜。雖然該項計畫仍在發展階段，但這個舉動證明了企業確實願意順應消費者的需求做出改變，而且就目前科技的發展，要開發出一款照顧到身障者需求又不會汙染海洋的環保吸管，絕非一件超乎我們能力的事。

我認為，我必須特別申明一點，那就是我在這裡針對身障者討論的內容，並不代表我反對禁用非必要性的一次性塑膠。事實上，我認識的許多身障者權益提倡者，也都積極參與動物權益和環境保護的運動，希望為我們的下一代守護這片土地。

因此，在我們致力消滅海洋裡、沙灘上或是公園中的非必要性一次性塑膠時，

“

各大企業和政府絕對不該讓身障者淪為這場環保運動的犧牲者。相反地，我們該做的應該是齊心協力地敦促供應商和製造商，要求他們提供一套更好的替代方案，讓我們能在兼顧所有人（包含身障者）的需求下，達成友善環境的目標。

可重複使用的瓶罐

要終結我們的「拋棄式文化」，減少我們對塑膠瓶罐的依賴性是關鍵。在你與生活中的塑膠分手的過程中，隨身攜帶一個可重複使用的好用水瓶，或許就是最重要的一個步驟。在第十一章裡，你會找到許多工具，它們可以幫助你在當地爭取到更多的公共飲水機，並確保你生活圈裡的咖啡店和餐館願意響應環保，讓你用自備瓶罐裝填飲品。如果你每一天都會買一罐水，那麼單單就每天早上出門前自備水壺的舉動，就可以讓你在一年之中減少了三六五個塑膠罐的使用量。的確有些店家不太歡迎自備瓶罐——如果你遇到這樣的商家，請提醒他們，只要你拍下他們要你購買的塑膠瓶罐，就可以輕易在網路上控訴他們汙染海洋的行為。

美國每秒會用掉超過一五〇〇個塑膠瓶罐！

如果你擔心找不到符合你需求的保溫瓶，請放一百二十萬顆心。隨著減塑的風氣漸盛，現在可重複使用的瓶罐樣式也越來越多。從講求保溫瓶實用性的 Klean Kanteen，到比較講究時尚外型的 S'well 和 Chilly's，或是直接到露營用品店走一遭，它們的層架上也會陳列各種五花八門的選擇，任君挑選，要找到符合你需求的水瓶絕非難事。

氣泡水機

然而，有鑑於光是在美國，每秒就會使用超過一五〇〇個塑膠瓶罐，所以我們仍須尋求更多方法來拒絕和減少塑膠瓶罐的使用量。其中一個方法或許就是買一台氣泡水機。市面上有許多款氣泡水機，www.sodamakerclub.com 這個網站整合了各家氣泡水機的資訊，有助你比較選購。氣泡水機可以讓你自製出充滿氣泡的飲品，你還可以依據自己的口味，用一些糖漿或是比較天然的調味品調味。

只能選擇拋棄式包裝飲品時，你必須謹記的三大選購優先順序

有時候，我們總會碰到氣泡水機和自備水瓶也無法滿足你需求的時刻，在那一刻，購買拋棄式包裝的飲品就成了你唯一的選擇（這個情況我們每一個人都曾經歷過）。不過在我們選購這類商品時，還是可以透過以下三大選購優先順序，盡可能減少對環境的衝擊：

❶ 選擇包裝比較容易回收的飲品，如紙製、金屬製或玻璃製的瓶罐。

這些材質的包裝，並不是取代塑膠包裝的長久之計，因為它們仍是屬於拋棄式的包材，在它們完成一次性任務之後，我們依舊必須投注大量的精力去回收處理它們；但至少，就回收利用率來看，這些材質的包材被再度回收利用的機會比較高。

❷ 選擇包裝使用較高比例再生塑膠的飲品。

使用再生塑膠，除了可降低對新塑膠的需求量，還能提振舊塑膠的市場，拉抬這些舊塑膠被回收利用的機率。果汁品牌 Naked 和礦泉水品牌 Resource 皆是這方面的領頭羊，它們的產品都是用百分之百再生塑膠製成的塑膠瓶包裝。千萬別因為這些再生塑膠瓶的霧面質感而打消購買的念頭——要讓塑膠瓶呈現完全清澈透明的外觀，是許多企業不願採用百分之百再生塑膠包材的原因，但事實上，絕大部分消費者在選購飲品的時候，根本不在乎這些飲料是裝在什麼顏色的瓶子裡（不過最近一家名為 Ioniqa 的科技公司和聯合利華合作，打算突破塑膠回收利用上的限制，創造出一款性能跟「新生塑膠一樣好」的再生塑料）。

❸ 選擇包裝使用百分之百可回收塑膠的飲品。

這真的是你對塑膠瓶罐的最低要求，不管是哪一個品牌，都應該使用百分之百可回收的塑膠瓶裝填飲品，因為如果這些瓶罐無法回收，它們就不該出現在市面上。目前大多數的企業都已承諾，會在未來十年內將所有的瓶罐改為百分之百可回收利用的材質——說實話，考量到這些企業每年製造的塑膠瓶數量，這項承諾並沒有多大的誠意。

最後，如果你買了一個由塑膠瓶盛裝的飲品，一定要妥善處理它的瓶罐。如果人行道的垃圾桶塞滿垃圾，請千萬不要把它隨手堆放在垃圾桶蓋上；請你先將它放到你的包包或是提袋裡，等回到家裡之後，再將它棄置到回收桶裡！假如你夠幸運，剛好住在有實施「押金返還計畫」的地區（該計畫要你在購買瓶裝產品時，先為你購買的每個瓶罐預付小額的押金，待之後你將瓶罐帶回商家回收後，即可取回之前的押金），那麼請你務必要大力支持這項計畫。就實際實行的成果來看，這類計畫確實能大幅降低塑膠瓶罐進入環境的數量。

咖啡杯

這是早晨隨處可見的景象——通勤族人手一杯咖啡，迫不及待想要在一天的挑戰展開前，先用滿滿的咖啡因提神醒腦一番。過去大部分的人（包括我自己在內）都不太曉得這些裝咖啡的紙杯有什麼問題，要一直到最近，大家才慢慢認知到，這些紙杯對環境造成的影響，其實不亞於其他塑膠製品。在還不知道這個事實前，我本來就會特別要求店家不要幫我的咖啡蓋杯蓋，但並不覺得用紙杯裝咖啡有什麼不妥，因為我覺得它就是一個用「紙」做的杯子。後來二〇一六年的夏天，英國名廚兼環保運動家修．芬利懷廷史托（Hugh Fearnley-Whittingstall）的「Hugh's War On Waste」系列節目在BBC首播。他和他的團隊除了揭露許多有關全球食物浪費的醜聞，也揭露了我們人手一杯咖啡所製造的龐大塑膠廢棄量。雖然咖啡杯的外層是用紙做的，但是它的內側卻覆有一層塑膠淋膜，而這層薄薄的淋膜通常無法回收。每一年英國人都會使用掉25億個咖啡杯，但這當中卻只有〇．二五％的咖啡杯有被回收利用；每年星巴克也會在全球用掉四十億個咖啡杯，但他們卻只有對部分地區口頭承諾會設法減少這個驚人的用量。

每一年英國人都會用掉25億個咖啡杯，但這當中卻只有〇．二五％的咖啡杯有被回收利用。

我認為，與塑膠咖啡杯分手最簡單、最有效和唯一的辦法，就是買一個可重複使用的隨行杯（或是兩個，如果你跟我一樣常會忘東忘西，可以在工作的地方也準備一個）。現在可重複使用的隨行杯不再是遙不可及的奢侈品，幾乎每一處服務站，甚至是許多咖啡店都有販售價格合理的隨行杯；當然，依照你的喜好，你也可以在市面上找到各式大小、花色和價格的隨行杯商品。澳洲的 KeepCup 是最有名的隨身咖啡杯品牌，已經在三十多個國家銷售了數百萬個。更重要的是，如果你自備杯子，許多主流咖啡連鎖店都會提供折扣，如此一來，你還可以慢慢把買隨行杯的花費賺回來。你甚至可以買到可折疊的咖啡杯，節省攜帶的空間。除此之外，你還可以拒絕使用塑膠攪拌棒，並要求店家提供金屬茶匙；我相信只要我們積極向商家表達出拒用塑膠製品的意願，沒多久這些非必要性的塑膠製品，就會成為我們生活中的過去式。

餐具

走在任何一處觀光地區的海灘上，你可能都會看到沙灘裡若隱若現地埋著一些塑膠叉或塑膠湯匙，隨時都準備隨著浪花沖到海裡；一旦它們被沖到海裡，就注定要花好幾百年的時間才會分解消失。塑膠餐具（往往還會被獨立封裝在一層塑膠袋裡）已經成為我們外食日常中的一部分，而且還常常會增加不必要的浪費。說不定你就跟我有一樣的經驗，買一盒沙拉，商家卻給你一包附有塑膠刀、叉和湯匙的免洗餐具，但事實上，要舀出密封在塑膠封膜下的沙拉，你很可能只需要用到叉子。隨身自備餐具（認清這個事實，你其實不太需要同時攜帶這三種餐具），拒拿店家提供的塑膠餐具，是減少你塑膠使用量的好方法。你可以直接帶一組家裡的餐具出門，也可以到露營用品店買一套比較小的攜帶式餐具。假如你用餐會用到筷子，那麼你可以把上次外帶餐點附贈的塑膠筷留下，這樣你就備齊所有的外食餐具了。萬一你包包裡的空間相當有限，或許可以考慮買一把刀叉匙（Spork）——它同時具備刀子、叉子和湯匙的功能。

塑膠袋

關於塑膠袋，我們只能說，它們應該成為歷史，因為現在它們儼然已成為一個負擔的存在。塑膠袋是塑膠汙染的象徵性物品，到處都可看到它們對環境造成的衝擊，舉凡排水系統阻塞或是海龜的生存危機（塑膠袋在海中形似水母，會造成海龜誤食），都與塑膠袋脫不了關係。要實際估算出全球塑膠袋的使用量幾乎是件不可能的任務，但是我們還是可以合理推斷，塑膠袋可能是全世界最常見的一次性塑膠製品。現在已經有越來越多國家紛紛意識到停止使用塑膠袋的重要性，而我相信再過不了多久，全球各地一定都會群起響應這個理念。不管你住在哪裡，都可以為減少塑膠袋的用量盡一分心力。比方說，你可以自備可重複使用的環保袋；或者，如果你習慣每週開車到賣場買齊一週的必需品，要把你購買的商品搬運到後車廂時，你可以改用超市提供的紙箱盛裝商品，即可省去那些不必要的塑膠提袋。

吸管

自從 YouTube 上出現一部保育人士從痛苦海龜的鼻子裡，緩緩拔出一根吸管的影片後，塑膠吸管就成為世界關注的焦點。除了本章一開始吉米所闡述的例外情況之外（第一四五頁），塑膠吸管在現代社會實在是沒有什麼立足之地。Wetherspoon

是英國最大的連鎖酒館，最近就宣布他們決定停止供應塑膠吸管的消息，往後他們店內只會提供可生物分解的吸管。然而，就如我們前面所說的一大堆外食餐具一般，要減少這類塑膠使用量最好的方法，其實就是說「不」。當你在酒吧或是餐廳點了一杯飲料，請記得告訴店員你不需要吸管。如果你真的偏好用吸管來飲用飲品，那麼你可以考慮買幾枝可重複使用的環保吸管，網路上有許多可用洗碗機清洗的選擇。

關於塑膠袋，我們只能說，它們應該成為歷史，因為現在它們儼然已成為一個負擔的存在。

便利食品

舉凡包在塑膠袋裡的三明治，裝在塑膠盒裡的沙拉，以及封在塑膠封膜下的優格和水果沙拉——這些便利食品都是我們在午餐時間，匆匆在商店買來果腹的食物，但就在我們選擇這些商品的同時，也製造了大量的垃圾。在你飢腸轆轆又沒什麼時間好好用餐的時候，實在是很難在店家裡找到什麼非塑膠包裝的食物，所以要與包裝這類便利食品的塑膠分手，最好的方式就是自備午餐，好徹底杜絕自己購買這類商品的機會。就跟你大量採買的道理一樣，你也可以大量烹調，然後把它們冰在冷凍庫裡保存，作為週間的午餐便當或是晚餐。此舉不僅可以省錢，還能降低你對便利食品和飲品的依賴性；況且，這類商品通常比較容易造成某種程度的浪費。

我能了解你在剛開始自備餐點必經的那段陣痛期，因為我就是過來人——為了減少塑膠的使用量，每一週我都會花一點時間，思考我能為自己的三餐做好哪些準備；這個時間可以是我結束一天漫長工作的晚上、珍貴的週末假期，或者是午休的短暫空檔。雖然一開始你會有點痛苦，但是相信我，一旦你養成這個習慣後，這件事很快就會變成你的第二天性。

打鐵趁熱，何不馬上根據你的喜好、預算和所在地，在下頁表格裡寫下專屬於你的外食無塑計畫——將你的計畫拍下，分享到網路上，讓其他人參考你的範例展開行動！

項目	無塑計畫
塑膠瓶罐	
咖啡杯	
餐具	
塑膠袋	
吸管	
便利食品	

其他

9

與育兒時的塑膠分手

我注意到，在所有有心想要與塑膠分手的人當中，有一群人的處境最為艱難，那就是家裡有嬰兒或幼童的父母。我有許多朋友天天都在跟睡眠不足奮戰，因為晚上他們寶寶的哭鬧聲總會把他們從睡夢中叫醒，但他們跟我說，更讓他們沮喪的是，他們發現養育一個孩子的過程中，好像必然會製造一大堆的塑膠廢棄物。如果你的孩子大聲哭鬧，你想要盡快安撫他，那麼偶爾用一下拋棄式的紙尿布應急並無妨，你大可不必為此太過自責。只要你在其他時候依然使用「可重複使用，或是無汙染」的育兒用品，仍可減少龐大的塑膠使用量。

紙尿布

光是美國，每年大概就會用掉二七四億片紙尿布；這當中有超過90％的紙尿布都會進入掩埋場，在那裡，它們必須歷經五百年以上的時間才會分解。紙尿布除了有塑膠的問題，製造它還需要耗費大量的木漿和能量。相對地，可重複使用的布尿布是比較環保的選擇，Bambino Mio 和 Wonderoos 等品牌都是不錯的選擇。布尿布是我們祖父母再熟悉不過的育兒用品，但現在布尿布的質量已經大幅提升，使用上不再像過去那樣麻煩。想要知道可重複使用尿布在使用上要注意的詳細細節，我建議你可以到「無塑生活」（Life Without Plastic）這個網站看看。[1]大家都不能否認紙

1. https://lifewithoutplastic.com/store/blog/plastic-free-reusable-organic-cotton-cloth-diapers-healthy-baby-planet/

尿布的便利性，因為它們確實可以讓家長不用面對洗不完的髒尿布；就算你無法做到百分之百使用布尿布，單單是將一半的尿布改為布尿布，也可以讓你整整減去50%的紙尿布用量，此舉對環境亦有不小的幫助。至於在那些你非用紙尿布不可的場合，則請記得選用可生物分解的款式，現在市面上有不少廠牌都有生產這類尿布。

光是美國，每年大概就會用掉一七四億片紙尿布；這當中有超過90%的紙尿布都會進入掩埋場，在那裡，它們必須歷經五百年以上的時間才會分解。

奶嘴

奶嘴是很常出現在垃圾掩埋場裡的東西。如果你要幫孩子買一個奶嘴或度過口腔期的玩具，可以考慮選擇丹麥嬰兒用品品牌 Hevea 的產品，它的奶嘴都是以天然橡膠製成。另外，該公司也有販售以天然、無毒原料製成的奶瓶和沐浴玩具。

碎紙亮片和裝飾品

許多孩子（還有很多參加慶典、活動的成年人）都非常喜歡閃閃發亮的美麗碎紙亮片，但這些由數以萬計的塑膠碎片製成的閃亮碎紙亮片，很容易就會隨水或隨風流入或吹入環境之中，造成汙染。此時此刻我聽到許多聲音要我放輕鬆一點，但在下定決心與塑膠分手後，我就對碎紙亮片敬而遠之。好吧，如果你真的非常熱愛碎紙亮片所營造的歡樂氛圍，我並不怪你，相反地，我還要告訴你一個好消息：現在市面上已經有比較環保的選擇。雖然目前這些主打可生物分解的環保碎紙亮片，其實還是含有些許不可自然分解成有機物的成分，但是相較於傳統的塑膠碎紙亮片，這類環保碎紙亮片還是對環境友善許多：Lush、Eco Glitter Fun 和 Glitter Revolution 這三家公司便是致力生產這類無塑閃亮小物的領頭羊。

玩具

不管是學校同儕的壓力，玩具公司無孔不入的行銷手法，或是在玩具店的驚鴻一瞥，都可能讓你孩子的目光被某件玩具吸引；但我相信你我都知道，孩子們對一件玩具的興趣只會持續個幾週，所以在這些玩具壞掉、退流行之前，很可能就會被孩子打入冷宮。因此，要如何讓孩子在擁有潮流玩具之餘，又不會對環境造成負擔，是每個為人父母都要面對的問題。以下與你分享三個選購玩具的小技巧。

選購經得起時間考驗的款式

現在市面上依然有在販售做工精美、可讓你世代傳承的手工玩具。如果你的經濟能力許可，就可以考慮選購這類重質不重量的玩具，它們不僅可以為你的孩子創造美好的童年回憶，也有機會成為你未來子子孫孫的玩伴。Bella Luna Toys 和 Loubilou 這兩家公司都有販售這類美麗又永續的玩具，而且還提供全球寄送的服務。

選購二手玩具

誠如前面所說，孩子對一件玩具退燒的速度非常快。隨著年紀的增長，他們很可能也會對眼前那套自己曾經愛不釋手的電動汽車不再心動；可是，別人家孩子玩膩的玩具，卻有可能剛好是吸引你孩子的新玩意兒。所以到 eBay 或是二手商店逛逛吧，在那裡你不僅可以找到物美價廉的二手玩具，還可以順便出清你自己家裡用不到的舊物。

選購再生塑膠或不含塑料的款式

在許多人童年占有一席之地的樂高積木，已經推出了第一批的「環保積木」，該款積木的原料並非傳統的塑料，而是以甘蔗提煉的「生物塑膠」（bioplastic）。同時，樂高也承諾，會在二〇三〇年前將所有產品的原料都改為生物塑膠。遺憾的是，生物塑膠雖然是用植物製成，但它終究還是一種塑膠，所以萬一這些環保積木進入環境中，它們對環境造成的影響恐怕還是跟傳統的樂高積木沒什麼差別。就避免塑膠進入環境的觀點來看，樂高鼓勵消費者，與其將不想要的積木丟棄，倒不如將它們轉送給其他需要的人，才是更友善環境的做法。的確，就我所知，很多成年的樂高迷家裡，都還會保有許多組他們童年時期玩的樂高積木，然後告訴旁人樂高積木是一套多麼值得投資的益智玩具。因此，我由衷希望不久之後，樂高可以考慮規劃一套回收計畫，幫助消費者處理他們不需要的積木，減少塑膠汙染環境的機會。如果你家孩子的年紀比較大一些，我非常推薦你買 Bureo 的滑板給他們玩，這些滑板都是用再生海洋塑膠製成。

孩子的派對

為孩子舉辦生日派對，是父母要與塑膠分手時，最常碰到的另一道難題。籌畫這個大日子的壓力，加上一袋袋塑膠包裝的糖果、點心和滿室的塑膠飾品，常會讓有志減塑的父母心力交瘁。面對這種時刻，只要你不要太在意其他孩子或是家長的眼光，其實還是可以用比較環保的方式，舉辦一場賓主盡歡的生日派對。

自製無塑派對小物

如果你時間尚有餘裕，可以到 Pinterest 這類的網站找靈感，上面有許多為孩子舉辦一場無塑派對的技巧（或者應該說，讓任何派對成為無塑派對的技巧——無塑婚宴是 Pinterest 的一大強項）。Instructables 是另一個可以提供你這方面靈感的網站，上頭有如何自製各式美麗無塑小物的詳細步驟。以下先提供五點舉辦一場無塑派對的點子供你參考：

- 懸吊會場的五彩三角串旗，可用家中用不到的舊物製作。
- 裝飾會場的小絨球，可用羊毛和圓形紙板製作。
- 「生日快樂」的橫幅，可用可重複使用的布條製作（Etsy 上有許多選擇）。
- 自製餅乾或杯子蛋糕，當作會後的伴手禮。
- 徵求自願幫忙清洗餐盤的與會者，這樣你就不必使用拋棄式的杯、盤和餐具。

建立一套共用的塑膠飾物

如果你和其他孩子的父母處得不錯，或許可以考慮在開學前跟他們一起採買一套公用的塑膠派對飾物，這樣整個學年，你們就可以用更環保的方式為孩子舉辦各種派對。透過這種共享的模式，你們不僅可以節省布置的經費，還可以用豐富多樣的飾物將派對現場裝飾得五彩繽紛——你不必擔心孩子對相似的布置場景感到厭煩，畢竟，大部分的孩子都只在乎這次的派對有沒有跟他們上次參加的一樣好玩。

減少禮物的包裝，或選用友善環境的包材

許多包裝紙的表面都有塗上一層塑膠膜，這意味著這些包裝紙根本無法回收。所以在選購包裝紙的時候，請你務必購買沒上膜的包裝紙——這類包裝紙或許不會閃閃發光，但它們的花樣大多充滿設計感。或者，你也可以直接不要包裝禮物，因為根據近期的民調，有50％的人說，與其用含塑膠的包裝紙包裝禮物，他們比較喜歡沒包裝的禮物，所以放你自己一馬吧，別再為包裝費盡心思。

要減少你在育兒時期產生的塑膠廢棄量，方法其實多到說不完，我建議你可以到「無塑生活」（Life Without Plastic）、「我的無塑生活」（My Plastic-Free Life）或「零廢棄生活」（Zero Waste Living）等網站，參考他們的減塑小技巧。

從為孩子選購以海洋塑膠製成的滑板，到傳承自己兒時的玩具小火車——儘管

每一個家庭的狀況都不同，但我相信大家一定都能找到幫助你們一家與塑膠分手的方法。

現在你已經大致了解該怎麼與育兒時的塑膠分手了，何不馬上根據你的喜好、預算和所在地，在下頁表格裡寫下專屬於你的育兒無塑計畫——將你的計畫拍下，分享到網路上，讓其他人參考你的範例展開行動！

項目	無塑計畫
尿布	
碎紙亮片	
玩具	

派對飾物和禮品袋	包裝紙	其他

10
與辦公處的塑膠分手

工作場所是我們生活中能產生最多影響力的場合之一。不論是你在職位上的職場影響力，或是在同事間對同儕的日常影響力，你每天在工作場所身體力行的減塑行動，都會讓你的同事無法忽視你與塑膠分手的決心；所以如果你想讓更多人領會與塑膠分手的價值，在工作場所積極從事減塑行動，可謂是最有效的方式。本章就要從三大面向，幫助你與辦公處的塑膠分手。

改變行為

此時此刻，就算你只是照著這本書的建議，在生活中做出小小的改變，都有可能讓你的同事注意到你為環境所付出的努力，進而詢問你一些關於減塑的問題。要對一、兩位同事說明這個議題非常簡單，你可以告訴他們一些事實，甚至是直接寄一篇文章給他們看（或是給他們看這本書），我想這些資訊都足以說服他們與你站在同一陣線，加入與塑膠分手的行列。不過想要讓更多人一起參與這場反塑膠運動，我們還需要採取一些更明確的行動。每一個工作場所（即便是虛擬的工作空間）大多會設置一個交流訊息的地方——比方說，公布欄、員工餐廳或是休息室——員工可以在那裡休息，或是和同事閒話家常一番。你可以試著在這些地方張貼一些減塑的標語，或者是寫一些減少辦公處塑膠使用量的方法，寄送到你同事們的電子信箱裡。你可以先以「五大塑膠廢棄物」為目標，鼓勵大家盡量與這些塑膠製品分手，分別為：塑膠袋、塑膠瓶、咖啡杯、吸管和塑膠餐具。善用本書的統計數據吸引大眾的目光，讓他們了解這個問題的嚴重性，並引導他們選擇其他非塑膠製的替代品。

說服你同事改變行為的表達方式非常重要。沒有人喜歡被嘮叨或指責，所以當你試圖做一些標語，或是想要與他們談論一些減塑理念時，請記得用比較包容、正面的語句表達。例如，「這裡不歡迎一次性外袋杯具」的標語就太過激進，雖然一定會有人力挺這項理念，但這樣的表達方式也可能會引起某些人的反彈；相對地，如果能把標語改為「讓我們一起創造一個無塑的辦公環境」，並在下方放上幾張你最希望同事少用的塑膠製品圖示，不僅語氣和緩許多，還能清楚讓同事明白，少用哪些物品可以減少塑膠的使用量。其次，切勿用訓誡或是指使的口吻找你的同事談論這個話題，像是「我們都應該為減塑多盡一點心力」或「你應該向吸管說不」之類充滿挑戰性的語句都應該避免。想要增加別人繼續與你談論這個話題的意願，你可以試著用一些用詞比較溫和的問題開啟你們的對話，如：「你有想過要少用點塑膠嗎？」或「你想要知道與塑膠分手的方法嗎？」又或者你可以用比較幽默、令人莞爾一笑的語句與他們打開這方面的話題。諸如此類的方式都可吸引他們的興趣，讓他們願意聽你繼續說下去，這樣你才有機會讓他們知道，在這場反塑膠運動中，他們可以用很多不同的方法貢獻一己之力。總之，當你在說服其他人為減塑做些改變時，一定要讓他們對這件事抱持樂觀正面的態度，並讓他們感受到自己也有為此盡一份力的能力。

提供無塑用品

如果你是在大公司上班，請想想是否有任何企業願意送你一些免費、可重複使用的產品，或至少提供你比較優惠的團購價，讓你公司裡的同事都可以使用無塑用品。英國 Sky 電視台為了響應他們發起的「Sky 海洋救援」運動（Sky Ocean Rescue），已決定在二〇二〇年前為員工打造一個無塑工作環境；他們展開這個計畫的第一步，就是：發給每位員工一個可重複使用的水瓶——請問你的老闆也願意做同樣的事嗎？與你的主管談談這件事，他們很可能會站在你這一邊。因為絕大多數的主管都不喜歡亂糟糟的工作環境，而塑膠廢棄物在公司裡造成的混亂，說不定早已讓他們如鯁在喉。看看他們有沒有可能跟你站在同一陣線，一起鼓勵其他員工，少用可以輕易用其他替代品取代的一次性塑膠用品。

安排午餐講座

另一個吸引大家關注減塑議題的方法，是在午餐時間安排一位減塑運動家或專家來公司演講。在網路上就可以搜尋到許多致力於減塑運動的地方團體，「綠色和平組織」和「地球之友」都是你可以洽詢的對象——我相信，他們聽到你的邀約時一定會很開心，也會非常樂意去與你的同仁分享我們必須與塑膠分手的原因。在我還沒在綠色和平展開這場反塑膠運動前，我曾邀一位致力於循環經濟（circular economy）和廢棄物減量的朋友到公司演講，分享與塑膠汙染有關的主題——這場演講的成果非常棒，它讓在這整棟大樓裡工作的每一位聽眾，都更了解這個問題的嚴重性，並知道自己可以做些什麼以改善這個問題。

舉辦無塑競賽

如果你工作的地方有分許多團隊，可以考慮用比較有趣、友善的競賽方式推行與塑膠分手的活動。你可以在一週的某一天，或是每年的某一個月分，舉辦一場減塑競賽，然後在活動終了，以秤重的方式，看看哪一個團隊在這段時間內產出的塑膠廢棄量最少。假如你的這個活動讓同事對減塑這件事燃起了興致，那麼你還可以乘勝追擊地辦個無塑午餐的共餐活動（三五位同事一塊用餐，每人準備一道菜）。這類活動不僅可以增進你們同事之間的情誼，更可以讓你們腦力激盪出更多在辦公處減塑的方法。

你辦公處的採購政策

把你的辦公處走一遭，看看有哪些地方出現了一次性塑膠製品的蹤跡。如果你們公司有員工餐廳，他們提供的餐具是免洗餐具嗎？飲水機旁的杯架只放著一疊塑膠杯嗎？不論你是在公司的哪裡看到這類一次性的塑膠製品，請你把它們的品項統統記錄下來。或許，你甚至可以邀你的主管或幾個同事，與你一起在公司走走，找出這些出沒在公司裡的一次性塑膠製品。過程中，你可以順道問問他們選擇使用塑膠製品的原因——是出於方便，或是純粹沒有想到這個舉動會對環境造成這麼大的影響？與那些決定公司採購政策的人談談，請他們尋求其他的替代方案。如果他們不想在這方面多下工夫，你可以自告奮勇幫他們做些調查，或是直接將本書的非塑膠選項提供給他們參考。

倘若他們一點都沒有要為此改變採購政策的念頭，或是你的主意完全吸引不了他們的注意力，那麼你可以考慮提升你減塑行動的力度。在公司發起一個請願活動，邀請你的同事與你一起簽名連署——你也可以透過午餐的無塑共餐活動，與一起用餐的同事討論該如何獲得更多人的簽名支持。假如你不只能向公司的決策者提出解決這個問題的對策，還能讓他們明白整個公司的人都有心解決這個問題，接下來他們就很有可能會願意傾聽你們的意見，並對你們的要求做出回應。要你直接在職場發起這種運動，恐怕會讓你覺得有點格格不入或是不自在，所以你也可以尋求工會代表的支持。許多工會裡，都會有幾位特別關注環保議題的代表；他們不僅會力挺你所推動的這類運動，而且在為員工爭取更好的工作環境方面，他們也擁有相當豐富的經驗。

如果你的工作場所正好要翻新或是整修，請與負責這項業務的人談談，了解他們在裝修的過程中，有沒有把環保因素納入考量。譬如，他們有沒有考慮選用美國地毯製造商 Mohawk 生產的新款 Airo 地毯，該款地毯完全是以可回收的材質製成（沒有多少人知道，大部分的工業製地毯，都是以不可回收的塑膠製成，而這也使得我們每次在裝修建築時，產生大量的廢棄物）。另一家同樣講求環保、永續的地毯製造商，是全球最大的方塊地毯製造商 Interface；該企業與知名的保育組織「倫敦動物學會」（Zoological Society of London），共同發起了一項名為「Net-Works」的漁網回收再生計畫。他們與菲律賓和喀麥隆當地的小額信貸組織合作，向當地漁民收購廢棄的漁網，然後再以這些回收的漁網為原料，製作出新的方塊地毯。最近，我們就打算在綠色和平組織辦公室的牆面，加裝許多辦公室都會裝設的吸音板，後來我們選擇了德國公司 EchoJazz 生產的吸音板，因為他們的吸音板完全是用再生塑膠製成。總之，只要你有時間，或是有心了解更友善環境的裝潢建材，總是可以找到許多令你嘖嘖稱奇的創新環保建材，而且這些建材的種類五花八門，多到都能集結成冊、好好介紹一番了。

昭告天下

最後，如果你工作場所的減塑運動真的開始朝對的方向邁進，下一步你就可以思考該如何讓他們成為企業減塑的標竿。Sky 電視台宣布要為員工打造一個無塑工作環境後，沒多久ＢＢＣ也宣布跟進，此舉是非常大的進步，這表示 Sky 公司的表態提高了全國各主管對這項議題的關注度，讓他們開始思考自己能如何減少自己管理區域裡的塑膠使用量。假如你的工作場所也準備展開這樣的行動，請務必幫他們把這件事昭告天下，讓大家知道為什麼他們要這麼做，藉此鼓勵其他企業仿效。你可以請他們把這個消息放到公司的社群媒體上，或是做一個顯眼的告示張貼在公司，讓你們的客戶都能看見你們為減塑付出的努力。如果你是在比較大型的公司上班，則可以與你們的公關團隊討論，看看要怎樣把這個好消息的效益發揮到極致。沒有人喜歡落後別人的感覺，這一點在企業上同樣適用：一旦有人走在前頭了，其他人必定會群起追隨。

11 與你生活圈裡的塑膠分手

過去那種決策者高高在上、獨享榮耀，完全不必理會民間疾苦的時代早已遠去。現代科技的發達意味著，任何一個人都可以是推行全球運動的一員，任何一個人都可以大聲說出真相，讓每一個人聽見這些事實。本章會傳授你一些方法，助你在這場減塑運動中發揮更強大的影響力。千萬不要妄自菲薄，我們絕對擁有集結地方、國家和國際各方力量的能力，讓足以對此做出重大改變的決策者坐下來，好好傾聽我們的聲音。另外，儘管本章我會告訴你各種改變你生活圈的方法，但你心中一定要記住，你自身的經驗才是推動這場減塑運動最具價值的資產。你當然可以運用這本書或是網路的資訊去回答專業性的問題，或提出確切的數據來支持你的論點，但，最能說服其他人的方法，永遠都會是你發自內心告訴他們的切身故事。畢竟，一個真正身歷其境的人，往往才能提出最貼近現況、打動人心的解決方案。

從哪裡開始

如果你不知道該從哪裡開始，又對這整件事感到茫然和不安，那麼最好的辦法就是找個志同道合的朋友跟你一起展開這個改變你生活圈的行動。看看你家附近有沒有致力推動反塑膠運動的團體，跟裡面的成員保持交流——他們可能會定期舉辦聚會，或是在當地舉辦一些活動。他們有可能只是一群關心當地環境的居民，也有可能是綠色和平這類國際環保組織的成員。留意你家鄰近咖啡店裡的公布欄，當地的報紙或是網站上張貼的訊息。由於塑膠汙染的問題非常廣泛，所以你或許可以從這些地方看出，你的生活圈裡已經有哪些人正在為這個問題做出了努力。如果你有幸能找到好幾組投身反塑議題的團體，那麼在選擇要加入哪一個團體前，你可以先了解他們的目標，以及反塑的方式；可以的話，請選擇把重心放在從源頭減塑的團體（如推動禁用塑膠產品），而非只把力氣花在清理善後的團體（如舉辦淨街活動）。

這麼說絕對不是說後者的作為沒有意義，在各類的反塑膠運動中，撿拾垃圾、淨街確實是個讓大家共襄盛舉的好方法，因為這件事每一個人都做得到；而且它可以讓每一個人清楚了解到，塑膠已經對我們的環境造成了多大的衝擊。假如你的時間和體力許可，去參加，甚至是自組一個當地的淨街團體都是值得嘉許的舉動。雖然我們都明白，要真正的與塑膠分手，必須仰賴我們從源頭減少塑膠的整體使用量，但能透過這種最直接的方式守護我們所愛的土地，也非常重要。淨街是推動減塑運動的絕佳方法，它不僅可以讓你居住、工作或度假的地方重拾光采，也能讓參與這項活動的民眾注意到塑膠帶來的問題，並開始對這件事採取某些積極的作為。

你心中一定要記住，你自身的經驗才是推動這場減塑運動最具價值的資產。

海洋保育協會就在英國沿海協辦了不少淨灘活動，鼓勵當地居民為他們所生活的環境付出熱情；這些淨灘活動同時也屬於「守護海灘計畫」（Beachwatch programme）的一部分，所以自願者在淨灘之餘，也會將撿到的垃圾分類，幫助研究人員了解哪種垃圾最常出現在我們的海岸上。為了協助你安排一場安全、盡興的淨灘活動，他們甚至把完整的流程一步一步列了出來，就算你家附近沒有海灘可以清理，這套方法也可以讓你輕鬆規劃出一場淨街活動。萬一在看完這份「淨灘指南」後，你心中還是有些疑惑，或是想要了解更多相關訊息，請務必到他們的網站 www.mcsuk.org/beachwatch 看看。

淨灘指南

規劃你的清理暨垃圾調查計畫

安排一場清理暨垃圾調查計畫，大致可分為六大階段，以下將逐項説明這六大階段裡要注意的細項。

活動前

❶ 找一片海灘或一座公園，上網看看該地是否已有舉辦垃圾清理活動。

❷ 如果你打算在海灘辦淨灘活動，請務必確認潮汐時間——不要在漲潮期間從事淨灘活動，漲潮後四小時是淨灘的最佳時機點。參考當地的潮汐時間，安排你整個淨灘活動的舉辦日期和時程。「漁業潮汐」（Tides for Fishing）是個很不錯的參考網站，或者你也可以諮詢政府在當地設置的氣象單位。

❸ 聯絡該海灘或公園的所有人（通常它們都是歸地方機關所管，就算不是，這些單位通常也可幫助你協調場地），取得你在該片土地上舉辦淨灘和垃圾調查活動的使用權。

❹同時致電環保機關，詢問是哪個單位負責當地的海灘清潔業務，並與他們討論淨灘後的垃圾要放置在何處，方便他們後續載運、處置。如果有需要，這個時候你也可以順道問問他們，是否可以出借你一些有利淨灘的裝備。

❺為你淨灘的海灘建立風險評估。海洋保育協會的網站上有許多相關資訊，可幫助你完成這方面的評估；此外，你也可以直接詢問當地管理者或是海灘所有者，了解該處海灘有無任何需要特別注意、小心的地方。評估完可能的風險後，在快舉辦活動前，你還是要再去實地場勘一次，以確保所有的資訊都與現況相符。

❻現在你可以開始宣傳你的活動了！印製海報，甚至是撰寫新聞稿，發布在當地報紙上（你可參考第二二三頁的建議撰寫新聞稿），都是不錯的宣傳手法。你可以在海洋保育協會的網站上，找到許多可供你撰寫宣傳文案的資料。

❼考慮做一個報名頁面，簡單的Google 表單，或者如果你在英國，也可以直接利用「守護海灘計畫」網站，為你所舉辦的淨灘活動設立報名頁面。如此一來，淨灘活動的前一週，你就可以發送電子郵件，提醒參加者當日要

自備哪些東西（比方說，合適的衣服和鞋子、水、食物、麻布手套／園藝手套等等），以及在哪裡和你會合。

你可以好好等待淨灘日的到來了！

活動當天

你已經按部就班做好了淨灘和垃圾調查的一切前置作業，但是到了活動當天，你又該做哪些事情或帶哪些東西呢？別擔心，以下這份清單可以幫助你一一確認這些事項。

要帶的東西：

- □ 你對這片海灘做的風險評估報告。
- □ 筆和紙，供每個人記錄自己撿拾到的垃圾。
- □ 大垃圾袋！
- □ 任何你可以取得的淨灘設備（你可以跟地方機關或地主商借）。基本上，只要有一雙好的園藝手套，你就可以順利地從事淨灘活動，不過，你也可以帶個垃圾夾或是垃圾架（風大的時候，垃圾架可以讓垃圾袋袋口保持敞開）輔助你的淨灘行動。

☐ 板夾，方便記錄、書寫垃圾種類和數量。

☐ 磅秤，秤量你們整天淨灘撿到的垃圾重量。

☐ 如果可以的話，帶一個急救箱、利器盒（盛裝撿到的針筒和針頭），還有一個專門盛裝玻璃和非醫療尖銳廢棄物的提桶。

☐ 垃圾紀錄表（如果你在英國，可以直接使用海洋保育協會網站上提供的表單；如果你不在英國，亦可以他們的表單為範本，設計出適用你所屬地區的紀錄表）。

☐ 家長同意書，十六歲以下參加者須填寫。

提早抵達舉辦淨灘活動的海灘，讓自己有充裕的時間在現場進行活動前的場勘，對現場狀況做最後的確認。同時在沿岸設置約一百公尺長的垃圾取樣區塊，方便淨灘者協助你一起完成海岸環境監測的「一百公尺調查」（100-metre survey）。所有參加淨灘活動的人員到齊後，你就可以開始對大家進行簡單的活動說明。

如何對參與者做簡單的說明

在展開淨灘活動前，對參與者簡單說明整場活動的概念非常重要。因為他們需要知道自己在做什麼，為什麼要這麼做、又該怎麼做——以及他們參加這場活動可能遭遇的風險，和活動中保障自身安全的方法。以下幾點就是你在說明時，應該要涵蓋的內容：

- **自我介紹**。
- 簡介一下**整場活動的背景**：談談海洋垃圾的問題，還有說明記錄撿拾到的垃圾種類為何如此重要。你也可以與參與者分享任何你知道的當地狀況，好比說你過去曾在這片海灘上發現過什麼、這片土地上有什麼問題或是統計數據，抑或是有沒有其他環保團體也正為這片土地奮鬥。
- 重申關鍵的**健康與安全議題**，讓參與者明白這場淨灘活動可能會碰到怎樣的風險。
- 說明**紀錄表的使用方法**。
- 你可以舉辦一個小競賽，看哪位參與者在整場淨灘活動中撿到最多垃圾——注意，這裡的比較單位是垃圾的品項數量，而非重量。此舉不僅能激勵參與者盡可能把看見的垃圾都撿起來，還能增加他們統計自己紀錄表的意願，節省你最後統整大家紀錄表的時間！

- 詢問參與者是否願意讓你把記錄這場淨灘活動的照片分享到網路上。
- 告訴他們一個回到出發點**集合的時間**。

淨灘活動中

- 協助參與者分辨他們撿到的垃圾，並記錄在紀錄表上。
- 如果你有帶急救箱、利器盒或盛裝玻璃等廢棄物的提桶，請隨身攜帶它們，以便及時將它們提供給現場需要的人。
- 拍照，捕捉你們在淨灘的過程和成果，然後將照片分享到社群媒體上，讓更多人看見你們的行動。

淨灘活動後

- 秤量和計算垃圾袋的總量，同時統計全部參與者的人數。
- 詢問大家在淨灘過程中，有無發現任何異常之處。
- 了解撿到的垃圾中，以哪種材質的垃圾為大宗（很可能是塑膠）。
- 謝謝他們的鼎力相助。

在你離開海灘前，請確定你有將你們撿到的垃圾，放置在你與清潔人員約定的清運地點，並確認你有填妥此次垃圾調查的相關資料：撿拾袋數、參與者人數、天氣狀況等等。請將你的調查表結果分享給海洋保育協會，或是你當地的環保機構。

回家後

喝一杯茶，在心中為自己和大家的付出喝采——今天你們共同完成了一件重要且優秀的事，值得好好慰勞自己一番。很快地，在你接連舉辦過幾場活動後，就會找到一些志同道合的熟面孔，他們不僅是你日後舉辦這個活動的得力幫手，更能為你號召更多人加入這個活動。終有一天，部分參加過你淨灘活動的人，說不定也會開始在他們自家附近的海灘舉辦淨灘活動。這就是所謂的漣漪效應，你確實可以藉由自身力量的推動，改變整個海岸線的風貌。請務必將你們淨灘當天的照片和故事分享到網路上，此舉不但可以發揮拋磚引玉的效果，讓更多有志之士投入這方面的活動，還能對此次淨灘活動的參加者再次表達感謝之意。

#擺脱塑縛

我從來沒有見過跟凱瑟琳一樣熱衷於淨灘活動的人，她任職於蘇格蘭的海洋保育協會。以下是她對塑膠汙染的一些看法。

你是誰？

凱瑟琳．葛梅爾（Catherine Gemmell），蘇格蘭海洋保育協會的保育官。

你為什麼這麼在意塑膠的問題？

我在海洋保育協會負責的職務，讓我有幸能透過我們協會的「守護海灘計畫」，與成千上萬來自蘇格蘭各地的優秀志工，一起處理當地海灘的塑膠垃圾問題。從每場淨灘活動的垃圾調查表看來，塑膠垃圾的數量一直位居各類垃圾的榜首，而這些志工面對這個問題的積極態度，正是激勵我每天想盡辦法解決這個問題的動力。

你看過的最糟塑膠汙染實例是什麼？

塑膠瓶、濕紙巾、塑膠碎片、氣球……都是我在蘇格蘭海灘上見過的垃圾。每每看到這些垃圾都會讓我揪心，因為不論是哪一項廢棄物，都有可能讓棱皮龜之類的珍貴海洋生物喪命。有些海灘踩起來會有股海綿的空洞感，因為沙子裡頭都混著一層層的繩索或網子，甚至有些沙灘的表面還會覆蓋著細小的塑膠碎片，舉目望向岸邊，你還會發現隨著浪花打上岸的不是一叢叢的海草，而是一團團的濕紙巾。

你見過的最佳減塑方案是什麼？

沒有任何方法可以輕鬆解決海洋塑膠汙染的問題。想要改變這一切，一定要仰賴每一個人持之以恆的付出，大眾、產業和政府都必須通力合作。最好的例子就是塑膠袋收費政策，多虧各方機構、民眾和數據的支持（我們「守護海灘計畫」所提供的資訊也是其中一股助力），才促成了現在全英國實施的塑膠袋收費政策。在實施這項政策的一年之內，我們就發現海灘的廢棄塑膠袋數量減少了40％，這個現象也再次彰顯了統計數據和團體合作的力量。

你為了減塑，在生活中做了哪些轉變？

從我開始嘗試減塑生活以來，每年我都會盡可能讓自己的塑膠使用量逐步降低。現在，我不用塑膠牙刷了，改用竹製牙刷；不用塑膠罐裝的洗髮精和滾珠香體劑，改用固體的洗髮餅和香體膏；另外，我還會隨身攜帶我的不鏽鋼水瓶、摺疊環保袋，以及我的新歡——一套可折疊的鋼製餐具！看到我的家人和朋友也在生活中為減塑盡一份心力，我就覺得與有榮焉，而且有時候，他們減塑的成效甚至比我還要好。

說到塑膠時，什麼事讓你最看不慣？

對我來說，隱藏塑膠是最令人討厭和沮喪的存在！當你竭盡所能想要減少一次性塑膠的使用量時，卻在打開包裹的瞬間，看到紙箱裡的貨品還包著一層塑膠袋，或是你訂購的書竟然封有一層塑膠膜。在減塑這條路上，這些隱藏的塑膠都會是你的重重阻礙，不過這也說明了一件事，即：我們想要徹底與生活中不必要的塑膠分手，必定要與生產者和零售業者聯手。

你有什麼與塑膠分手的密技嗎？

做好你自己的減塑工作，然後交一些志同道合的減塑朋友！社群媒體一直是我獲取減塑資訊的絕佳來源，網路上也有許多分享減塑用品和技巧的部落格。除此之外，我也非常鼓勵大家多多參加線上的減塑社群，目前這類線上社群正蓬勃發展，我覺得在你剛踏上減塑一途時，能有其他前輩陪著你一起前進，可以讓你在這條路上走得更加輕鬆。

你認為與塑膠分手面臨的最大挑戰是什麼？

我認為與塑膠分手面臨的最大挑戰是，改變我們設計包裝和產品的方式。唯有以零廢棄為出發點設計我們的包裝和產品，才有辦法從根本解決不必要的塑膠用量。這對塑膠工業來說，肯定會是一個重大且需要勇氣的轉變，但我相信他們一定有能力接受這項挑戰，而現在正是他們面對這項挑戰的時刻。

你認為在什麼條件下，我們最有機會與塑膠分手？

我剛開始在海洋保育協會工作時，我的家人、朋友每次跟其他人說到我的工作時，總會說「她的工作是在處理跟魚類有關的問題」；但現在，我聽到他們都會說「她的工作是在處理有關『海洋垃圾』和『海洋塑膠』的問題」。不僅如此，現在我在跟朋友聊天時，他們還會主動跟我分享與減塑有關的最新消息，這真是太棒了！由此可知，我相信「讓全世界知道這個問題，並群起要求改變現狀」就是我們最有機會與塑膠分手的條件——此刻是各國領袖好好傾聽民眾聲音，並積極展開行動的時候了。

你印象最深刻的減塑行動是什麼？（個人或企業皆可）

在解決海洋塑膠這個問題方面，我見過許多激勵人心的人物、社群或組織，他們都努力在減少塑膠的使用量。最近讓我特別想大大讚揚的是蘇格蘭的「青年世代」（Year of Young People），他們的成員發起了一個名為「守護海洋向陽小尖兵」（Sunnyside Primary Ocean Defenders）的行動。這些年僅十到十一歲的優秀孩子，已經在當地藉由「Nae Straw at Aw」這項運動，大力推廣拒用一次性吸管的理念。他們的行動讓地方居民、機關，甚至是蘇格蘭議員，都喊出了「對吸管說不」的口號，鼓勵大眾拒用一切非必要性的吸管——他們是名副其實的海洋守護者，也是激勵我們眾人的學習標竿。

展開你自己的減塑運動

當然，你或許會覺得舉辦淨灘或是參加當地團體的減塑運動，還不足以徹底發揮你對減塑的熱情。既然如此，那麼你何不自己在你的生活圈裡，發起一場減塑運動？發起這類活動的契機多的是，只要你有心、充滿能量，就沒有任何事情能夠阻擋你的熱情。如果你想要以本書提到的任何塑膠製品，或是你居住地在減塑政策方面面臨的問題作為運動的主題，那麼下列的這些工具可以幫助你踏出第一步。萬一你滿懷衝勁，卻不太確定該從何處開始，可以先參考看看我提供的一、兩個想法，找到你展開行動的起點：

❶ **禁用一次性塑膠。**就如稍早蒂薩在本書的訪談裡說到的那樣，「禁用」是所有減塑方法中相對簡單也有效的方法。不論是要讓你家附近的酒吧停用塑膠吸管，或是遊說當地政府對該區所有速食業者發出禁用保麗龍食器和塑膠餐具的禁令，都可以是你推行減塑運動的標的。好好想想你在街道上最常看到哪些塑膠垃圾，再進一步找出能為此做出決定、禁用這些東西的人。

❷ **廣設公共飲水機。**有鑑於瓶裝水一直是塑膠議題上的大問題，而廣設公共飲

水機是每一個企業和地方機關都有能力做到的事情（或者至少他們要清楚表態，他們願意提供每一位有需要的人免費的飲水）。

演練一

在這裡寫下你打算改變的問題，字數不得超過五十字：

在這裡寫下解決這個問題需要做出什麼樣的改變，字數不得超過五十字：

每一場運動的成功推行，都奠基於一連串的努力，而這些努力的腳步可以讓某個或是某些有權改變現狀的人，順應這股力量做出變革。有時候這些腳步推進的速度非常快，有時候它們則需要一些時間醞釀前進的動能——但回歸根本，無論這些腳步前進的步伐或快或慢，一開始它們一定都是源自於你心中的某個念頭。現在你已經列出了你打算改變的問題，以及你認為解決這個問題需要做出的改變，接下來，你就該好好想想，誰能幫助你朝著這個方向邁進。是哪個企業的ＣＥＯ，或是當地哪位關注永續發展議題的商界或政界人士，抑或是你國家的代表性人物？每一項運動所需要的助力都不同，如果你不太清楚該找誰幫忙，我建議你盡可能找裡面職位最大的人——例如企業的ＣＥＯ、董事長或地方政府的首長。就算你的事情不在他們處理的業務範圍內，他們也會很快告訴你，你該找誰討論這些問題。

演練二

有哪些人能讓你推動的運動朝對的方向邁進，在這裡寫下他或他們的姓名：

現在你已經有了你的問題、解決方案和目標，剩下來就是要擬定計畫付諸行動了。你在思考成功推動你的運動所需要採取的行動時，可以利用梯狀架構規劃，每上一階的行動，其表達的力度就越為強烈。即使現在那些能幫助你推行運動的有權人士沒有釋出善意，讓你碰了一鼻子灰，但是請你記住，未來你們還是很有可能一起攜手為你提出的問題想出理想的解決方案；所以在你推行的運動尚未大規模受到群眾關注前，你值得花點心思從一些小規模但親民的方式推廣你的運動。

以下就是我用梯狀架構所規劃出的一套行動流程範例，不過每一場運動要面對的情況都不同，你對你運動目標和生活圈的了解一定比我還好，所以你當然可以依據你身處的情況，規劃出其他更適合你運動的絕妙行動計畫；這麼做不是要你去評斷其他人行為的好壞，而是要你透過這些行動與更多人交流，聽到或看到更多人的故事，進而讓你對你的計畫有更多的想法。有的時候，你可能也會碰到必須重複執行某幾階行動的情況，或是因時間的推進必須將行動的規模擴大；同樣地，你可能也會在每一階的行動上，再次碰到那些能幫助你達成運動目標，卻始終未對你的行動釋出善意的有權人士，必須一而再、再而三地想盡辦法遊說他們。因此，請不要把下面這套梯狀架構視為推行運動的標準流程，它只是一個供入門者規劃流程的參考範本。雖然對許多地方性的運動而言，這套流程的安排確實是相當合情合理（而且綠色和平推動的許多運動，都是遵照這套流程推行，也都獲得了非常好的成效）。至於這套梯狀架構各階行動的其他細節，我則會在接下來幾頁逐一說明。

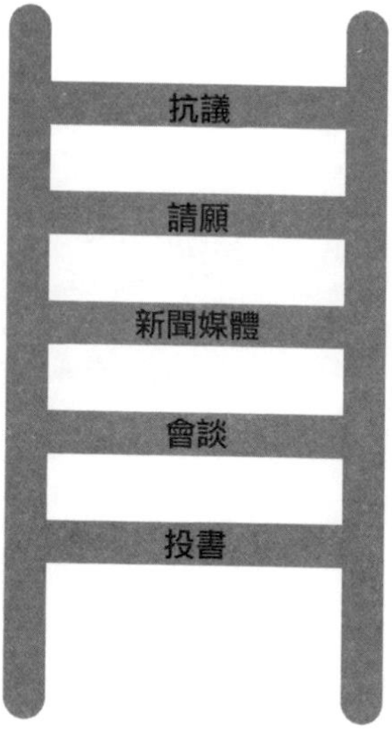

每一場運動的成功推行，都奠基於一連串的努力，而這些努力的腳步可以讓有權改變現狀的掌權人士，順應這股力量做出變革。

投書

放眼全球，最能有效與掌權者直接溝通的管道之一，就是紙本書信或電子郵件。不論是遊說政治人物投票支持某項政策，或是說服某家企業停止販售某樣產品，你寫的信都能增加你運動理念被看見的可能性，讓現況有所改變。

寫一封好信的重點

在說服決策者同意你的運動理念時，寫一封好信，可以為你帶來無法衡量的助力。更重要的是，一封獨具你個人聲量且針對收信者量身打造的好信，能讓你的信件更有效抓住這些收信者的目光，因為他們的信箱裡或許有數千封來自各方運動推行者的電子郵件，而在那些千篇一律的郵件內容裡，你文字表達能力的程度、水平，很可能就成了你被看見的關鍵。以下是寫出一封好信的五大原則，任何人遵循這些原則，都可以寫出一封條理清晰的運動推廣信函：

- 訴求清晰
- 內容簡潔
- 親身經歷
- 用字精準
- 語氣禮貌

訴求清晰

我們在書寫或談論我們在意的事情時，往往都會不自覺出現長篇大論的狀況；在討論塑膠汙染這類的議題，一不小心我們也很容易讓自己的言論流於這種抓不到重點的嘮叨。因此，在你寫一封給政治人物或是企業家的運動推廣信時，一定要避免犯這個錯誤。把你要說的話去蕪存菁，因為這封信最重要的功能就是讓你的收件者知道你的請求是什麼、為什麼你要提出這份請求，以及他們需要對此做出怎樣的反應。

在你開始動筆寫信前，請先分別以一句話回答下列三個重點。

❶你的請求是什麼？

你是要他們減少塑膠的使用量，還是要他們投票支持國會的某項政策？你是要他們停止販售某項特定商品，或是要他們支持當地的垃圾清理活動？你的「請求」或許不只一個，但在這種情況下，你最好不要一下子提出太多個請求——盡可能把你的請求濃縮到一到兩項。確立你的「請求」後，請將它放在整封信的第一段，此舉可以確保收件者在讀信時，能一下子就抓到你整封信的重點。

❷為什麼你要提出這份請求？

這是整封信的核心，你必須告訴收件者，為什麼你要對他們提出這份請求，要求他們透過你提出的方案減少塑膠汙染的問題。你可以帶入相關的研究、個人經驗或是任何論點來支持你的立場，不過，在引用任何例證時，請謹記「簡明扼要」的原則。比方說，如果你要寫一封信給政治人物，遊說他們投票支持禁用塑膠餐具的政策，「每分鐘大約都有滿滿一垃圾車的塑膠進入海洋」大概是很多人會引用的一段話。這段話或許所言不假，也是非常強而有力的統計數據，但是它與「塑膠餐具」的相關性卻沒有那麼強。一封好信裡引用的數據應該盡可能切合它的主題，所以你何不去找一個更具體的統計數據，說明有多少塑膠餐具進入海洋，或是摘錄一份個案研究報告，讓收件者明白那些成功禁用塑膠餐具的國家創造了怎樣的成果。

❸你希望看到你的讀者做何反應？

你可以直接列出你希望他們關注的政策提案、投票日期，以及希望他們投票的方式。你也可以直接表態你希望他們的咖啡廳成為一間無塑商家，讓塑膠攪拌棒和內襯塑膠淋膜的咖啡杯成為這家商店的過去式。然而，無論你希望他們做出怎麼樣的反應，都請你保持積極正面的語調，清楚表達你希望讀者做出的任何回應，其實都是為了讓海洋世界的生態不再繼續被塑膠汙染扼殺。

內容簡潔

由於你寫信的對象擁有決策的權力，而這類人物的生活通常都相當繁忙（或至少自認自己非常忙碌），所以保持書信內容的簡潔度，不僅能提升他們閱讀的意願，更能讓他們一眼就看到整封信的重點。我所謂的內容簡潔是多簡潔呢？如果你是以實體信的方式郵寄運動推廣信函，那麼單面A4就是一個最恰當的篇幅，既不會過於冗長，亦足以清楚表達你的重點。

我知道你可能會想要把所有你知道的事實和統計數據都寫進信裡，但此舉恐怕只會模糊了你的「請求」，讓讀者對你的內容一頭霧水。盡量做到每項重點只引用一項事實或統計數據佐證，同時務必選擇可以最有效支持你的立場，或是吸引收件者目光的資訊。在找到某篇報導或報紙文章的論點非常符合你立場的時候，你可能也會很想把它通篇節錄到你的信件中，但請切記，這樣做只會占用你信中寶貴的篇幅。為了保持你信件的簡潔風格，在援引這類文章時，你最好將它們列為參考文獻，隨信額外附上副本（或是附上連結），供他們閒暇時參閱。

親身經歷

事實和統計數據是勾勒一個具體情況不可或缺的元素，在報紙頭版和社群媒體上，這些資訊往往也是抓住我們目光的關鍵。然而，只引用硬邦邦的數據和充滿距離感的事實來支持你的立場難免有失溫度，所以適時在內文裡穿插一些你的親身經歷，不但可以讓讀者更了解你的身分，還可以讓他們知道你為什麼這麼在意這個議題。你是一個總是因聖誕節禮物使用大量一次性塑膠包裝感到惱火的父母嗎？請把那份與你請求有關的經驗寫到信裡，你與收信者之間的距離說不定就會因此拉近。

最能說服其他人的方法，永遠都會是你發自內心告訴他們的切身故事。

比起文章或電視節目裡的建議，我們大多都比較聽得進去家人、朋友或其他我們認識的人的意見，所以請幫助你的讀者更了解你一點。如果你寫信的對象是你常去消費的超市，請務必在信中告訴他們你是他們的常客——此舉會讓他們比較重視你的意見。或者，你曾親眼目睹某些觸動人心的畫面嗎？例如：一隻白冠雞或紅冠水雞用塑膠碎片築巢，或是你最愛的海灘被丟滿廢棄的飲料罐。或許對你來說，這些都只是些無關緊要的小事，但這些經驗確實能有效幫助讀者更了解你的背景。況且說不定，他們也有類似的經驗，誰知道呢？

用字精準

寫完信後，請快速校對一遍整封信的內容，因為基本文法和拼寫上的錯誤，都會讓你整封信的專業度大打折扣（如果你對自己的校對能力不太有信心，就請找位朋友幫忙）。假如你在信中有提出任何主張，請確認當它們受到質疑時，你可以提出有力的資料支持它們；除此之外，有必要的話，請你盡可能用較為保守的字眼敘述相關的數據。舉例來說，與其說「每年會有一二七〇萬公噸的塑膠進入海洋系統」，說「每年最多會有一二七〇萬公噸的塑膠進入海洋系統」會比較恰當。信中任何誇大的說辭都會輕易破壞你的可信度，讀者也會因此不太相信你要他們做的事情。你不需要把你信中提出的每一項主張都列出參考文獻，但你必須對你信中寫的每一句話都充滿信心，知道之後就算有人質疑你說的任何一句話，你都能輕易找到站得住腳的資料支持你的主張。

語氣禮貌

最後，請記得保持禮貌的語氣，不要出現帶有憤怒或敵意的言詞。試想，你會比較想回覆一封激怒你的信，還是一封激勵你的信呢？避免使用任何挖苦或嗤之以鼻的字眼，並且一定要以符合收信者期望的禮節把信送到他們手中，這樣他們大多會比較願意好好看看你的信。

寫一封好信的重點就是這樣——如果有遵循這五大原則書寫，那麼你就有機會寫出一封能打動收件者的運動推廣信函。現在是按下「傳送」或是貼上郵票，把你的信件寄到收信者手中的時候了。倘若你還想要知道更多書寫運動推廣信的訣竅，請參閱下頁的書信範例。

你的請求是什麼？

你為什麼要寫這封信？

引用吸引讀者目光的統計數據

萬女士，您好：

我寫這封信給您，是想請您在我這條街的公園裡，多設置一些公共飲水機，因為您是我居住地的議員代表。過去這幾年我注意到，我到公園跑步時，公園裡隨風飄蕩的塑膠垃圾量大幅增加。雖然公園裡有設置幾個垃圾桶，但每逢陽光普照的好天氣，一天下來，這些垃圾桶的垃圾就會多到滿出來，許多塑膠垃圾還會從桶口掉出來，把環境弄得亂七八糟。所以我想，多設置一些公共飲水機，將有助防堵這類情景再次上演。

我在公園裡最常看到的塑膠垃圾，就是塑膠瓶罐，而塑膠瓶罐和它的瓶蓋也是最常出現在我們海灘和大海裡的塑膠廢棄物。即便是出現在我們公園裡的塑膠垃圾也有機會汙染大海，因為它們很可能會隨風被吹入水路，然後隨著水流流入海洋。塑膠瓶罐一旦進入環境，也許就要花四百年以上的時間才能徹底分解。現在塑膠汙染的

強化你提案可行性的實例

提出可以直接支持你請求的證據

問題已經在世界各地越演越烈，光是一家全球最大的汽水公司每年就會產出約一千兩百億個塑膠瓶，全球更是每分鐘就會用掉一百萬個塑膠瓶。如果我們想要讓如此大量的塑膠不要再繼續進入海洋系統，我認為這樣的現況絕非長久之道。

減少我們的塑膠總用量，是目前公認最能有效減少塑膠汙染問題的方法。就塑膠瓶這方面來說，要做到這點非常簡單，只要大家隨身攜帶可重複使用的水瓶即可。因此，如果我們能夠在公園裡廣設公共飲水機，就能鼓勵更多人自備水瓶，或是讓他們擺脫去買瓶裝水的需求，因為他們可以直接在公共飲水機取得飲用水。倫敦動物學會和英國百貨 Selfridges 就是兩個重大的成功個案，他們兩大單位都靠著廣設公共飲水機，完全杜絕了販售瓶裝水的需求。環境審計委員會（Environmental Audit

將親身經歷帶入這份請求

你希望看到讀者做何反應？

Committee）針對塑膠瓶做的一篇報告發現，設置公共飲水機可以降低65%的一次性塑膠水瓶使用量——若把這個數據套用在我們的公園上，勢必可以讓我們在公園裡看見的塑膠瓶數量大幅減少。

我愛這座公園，每次看到塑膠垃圾漂浮在池塘水面，或是纏繞在樹籬裡，心中就會感到十分難過——

這景象看起來就像是，我們社區的居民一點都不在意自己生活的環境，放任整個環境被搞得亂七八糟；每次親友來拜訪我們家，我都會為這樣的環境感到不好意思。

同時，有的時候我也會不得不購買瓶裝水，因為那是我在公園裡獲得飲用水的唯一選擇。如果您願意盡快在公園裡增設公共飲水機，我很確定不只是我，就連其他當地的居民也會非常感謝您的德政。若您願意採納我的意見，未來我也很樂意與您面對面進一步討論此提案的相關細節。您可直接回信到這個寄件地址，亦可來電與我聯絡，我的電話為XXXXXXXXXX。

威爾・麥卡拉姆 敬上

會談

你或許會想要先寫封信給你的目標人物，然後再跟他當面會談；但如果這些目標人物是你已經認識的人，或許你就會想要直接和他們面對面好好談談。不論你採取的方式是前者還是後者，我都必須告訴你，雙方面對面談話對推動運動的影響力有多麼重要。我已經數不清有多少次，一項討論了好幾個月，甚至是好幾年都沒什麼動靜的議題，在經過雙方面對面良性的討論後，突然之間，某家企業或是政治人物就決定開始採取行動了。親自和你的目標人物當面好好談一談，是你說服他們採取行動最有效的工具；雖然在整個推進運動的梯狀架構裡，會談算是比較初階的行動，但是它非常有用，且可反覆運用在運動的任何階段。

如果所有的訊息都可以透過書信傳達，那麼會談的目的又是什麼呢？簡單來說，會談的重點在於你本人和你的故事。我們與某個人面對面談話時，不只我們說的話，就連我們在他們面前表現的所有舉動，都有助我們說服對方。大多數的情況下，他們可以親眼看見你和他們其實並沒有多大的不同——就是個看不慣某件事，並想要為此表達一些具建設性意見的普通人。

如何準備一場會談

準備一場會談最好的方式就跟寫一封信很像。首先，寫下你的會談重點，秉持：內容簡潔、訴求清晰、親身經歷和用字精準等原則。如果你是個容易緊張的人，那麼在正式會談前，請你先練習說幾次。接著，寫下一、兩項你打算引用的重要事實——切記，請盡可能挑選可引起會談者共鳴的資訊。另外，如果可以的話，請試著找一位朋友或同事與你一同出席會談。假如他們也會發言，請先分配好你們各自要討論的重點；不過，即便他們不發言，有個人陪著你一起出席會議，也可以讓對方感受到你們對這項議題的團結。

想想你打算帶哪些資料去參加這場會談。你是否有看過某篇報告，提出了許多你想要他們聽見的論點？如果有，請將這篇報導的副本一起帶去會場。你是否想要說服他們在店裡販售可重複使用的咖啡杯，以終結他們對一次性咖啡杯的需求？請舉個實際案例，或是提出一、兩款他們可以在店裡販售的杯款，供他們參考。你是否曾在你家附近的海灘或是公園裡看見他們生產的任何產品？請務必將你看到的景象拍下來，帶到會場給他們看。總之，你準備越多可以支持你立場的資料，就越有機會成功說服他們。

如何進行一場會談

請謹記，你進行任何一場會談最重要也最終極的目的就是：在結束會談、走出會議室時，你的身邊多了一個新盟友——也就是說，你要透過這場會談，把與你會談的那個人或是組織拉入你們的陣線。雖然你有可能會因為他們做的某些事或是說的某些話感到憤怒，或是因為他們無法理解你的觀點而感到挫敗，但在第一次會談時，與對方保持理性的溝通態度是很重要的。如果你打算透過會談，說服某人加入你的陣線，請順道問問他們，是否願意讓你將整場會談的過程記錄下來。因為要在沒有記錄的情況下，記下雙方說過的每一件事或是有所共識的部分，是非常困難的事，所以有個會議紀錄者記錄下你們整場會談的過程，可以幫助你們日後回顧整場會談的相關內容。

會談時，對方很可能會請你先說出你的訴求，在這種情況下，為了讓你們後續有足夠的時間討論，你只需要如你在會談前做的準備那樣，將你的重點簡要明瞭地快速帶過一遍。你不需要一下子就把你準備的資料全都展現給對方——為了讓之後的對話順利發展下去，請適度在你的開場中保留一些伏筆。務必確認你在開場和結尾都有明確點出你對他們的請求。完成後，請一定要詢問他們是否有任何疑問或是想要特別了解的地方，並且問問他們對你的提案有什麼想法。

討論的過程中，也請你要記得秉持簡明扼要的原則，一旦發現自己的言論有長篇大論、失去重點的情況，就請你適時拋出一個問題，結束自己的發言，同時將會談的發言權重新交給對方（配戴手錶可以幫助你改善這個問題，因為你就可以隨時留意自己發言的時間）。別忘了，儘管面對面會談是說服其他人支持你提案的絕佳利器，但對方未必能在當下就馬上做出決定。過於咄咄逼人的態度反而有可能令人反感，所以萬一你碰到多次詢問對方，對方卻遲遲無法做出任何承諾的情況，比較好的處理方式是，簡單再提出幾個重要的事實加深他們對你訴求的理解，然後結束整場討論並向他們表示，你會給他們一些時間考量，待日後再詢問他們的意願。倘若會談中有任何問題你無法當場回答，請將問題記錄下來，承諾對方會在找到答案後回覆他們。

在你提出你的重點，傾聽、回應對方的疑問，並大致了解你目標人物的個人意願後，就差不多是該結束整場會談的時候了。當你準備結束整場會談時，請務必重述會談中你們雙方達成共識的部分，並約定之後會以電子郵件或紙本信件的方式再一次重申這個部分。在你後續了解他們近況的書信中，請記得提醒他們你們討論過的內容、回覆會談中未解答的問題、重申你運動的「請求」，並給他們一個回應你請求的最後期限。

這些事聽起來可能都很簡單——因為它們確實如此。要當一位有效率的說客，你需要相當好的組織和切題能力，才能清楚透過口語表達出你的立場。當然，結束這場會談後，你很可能還是沒有讓你的運動成功推行，但你不必擔心，這很正常。許多運動都是歷經多次的會談和更強烈的手段，才終於讓大家達成共識。不過，只要你有謹守這些會談的原則，肯定能為你的運動立下一個好的開始。

請謹記，你進行任何一場會談最重要也最終極的目的就是：在結束會談、走出會議室時，你的身邊多了一個新盟友。

運用新聞媒體

身為一個在自己生活圈發起運動的在地人，現在應該要善用當地媒體的影響力。若非要說一件新聞工作者最想做的事情，那麼一定是報導他們工作地點的真實在地故事。在各種廣告和無聊場合的邀約裡，新聞工作者都很想要找到可以吸引他們讀者或觀眾目光的題材。恭喜你，現在你和你的運動正是他們尋尋覓覓想要報導的題材。萬一目前你的運動還沒有引起他們報導的意願，那麼你要做的事就是說服他們。

媒體工作是很容易受到人身威脅的職業，但請你別忘了，這些新聞工作者的職責就是發掘社會上的真實故事，而你在做的，其實就是在幫助他們發掘真相。因此，只要你記住尋找新鮮事物是他們的例行公事，不要一再用了無新意的舊聞轟炸他們，他們大多都會願意傾聽你的聲音。另外，請掌握一項重要的原則，就是只在你有新資訊的時候聯絡他們，如此一來，你們在一段時間之後，才比較有機會建立良好的交情，讓他們願意相信你提供的資訊。

如何吸引他們的注意

第一件事是寫一封新聞稿——簡要地向他們介紹你提供的新聞，點出這則新聞的重要性以及聯絡者。請務必將你的新聞稿寫在電子郵件的正文中，因為以附加檔案的形式夾帶你的新聞稿，有可能會讓你的信件被對方電子信箱的過濾器視為垃圾郵件。為你的新聞稿起一個可以讓他們一目了然的標題，同時用這個標題作為你信件主旨的標題。或許，你已經知道當地議會每年會用掉多少咖啡杯，在這個前提下，你就可以將新聞稿的標題命名為「地方運動的調查顯示，本地議會每年丟棄十萬個咖啡杯」；或者，你可能已經對此事實發起了請願活動，那麼你新聞稿的標題也可以寫為「地方百姓請求當地議會改變其咖啡杯使用習慣，以對終結海洋塑膠汙染盡一份心力」。這樣的開場句子就是所謂的「鉤子」——吸引讀者點開信函——所以你需要盡可能讓它激起新聞工作者的興趣。

最佳的新聞稿要能提綱挈領、凸顯關鍵事實，讓人快速掌握整個議題和新聞的重點；所以除非你有把握能將整篇文稿寫得字字珠璣、毫不拖泥帶水，否則我建議你還是謹守條列式的形式呈現你的新聞稿。一篇新聞稿條列出的要點切勿超過五項，這樣的分量對新聞工作者最剛好，可以讓他們簡單明瞭地了解整篇新聞稿的訴求。如果你是為即將舉辦的活動發送新聞稿，希望他們報導該活動的相關新聞，那麼請你在新聞稿的要點中詳列其相關細節，並在新聞稿結尾處再次提及它們。在這些條列式的要點後頭，你可以稍微講述一下這個新聞的內容，闡明它的重要性和你期待的下一步走向為何。千萬不要咬文嚼字、賣弄艱深難懂的術語，請盡可能用最簡單的辭彙解釋它們，以及它們與我們生活的相關性。收到你新聞稿的新聞工作者，原本很可能對你的議題沒什麼概念，而且只有不到幾分鐘的時間可以消化你所寫的內容，所以你必須力求用詞遣字的清晰和簡潔。

對任何一篇新聞稿來說，你自己或你運動發言人的基本介紹是另一項必備內容。請務必在新聞稿裡提及他們的姓名、相關經歷，以及一段可以彰顯他們個人對此運動看法的簡短引文——這個部分是你新聞稿的重頭戲，他們對你運動的看法必須與你對這項運動的預期走向完全相符。在新聞稿結尾處，請別忘了寫上你的聯絡方式，或是任何能夠回答這些新聞工作者疑問的相關人員聯絡方式。

最後，請你善用照片加深讀者對整篇新聞稿的印象，因為圖像永遠是抓住讀者目光最好的工具。圖文相符的照片絕對可以為你的新聞稿大大加分，即便這些照片只是你用手機拍的，也能發揮相同的功效。如果你有任何可以為你新聞稿加分的照片，請不要用附加檔案的方式寄送，因為此舉可能會讓你的電子郵件被過濾器視為垃圾郵件；比較好的做法是，在 Flickr 之類的網站上建立一個線上相簿，然後把這本相簿的連結附在你的新聞稿末端。

在你按下「傳送」前，請至少把整篇新聞稿看過兩遍，如果可以，最好再找位朋友幫你看過。千萬要記得，新聞工作者都是專業的文字工作者，任何簡單的拼寫或文法錯誤，可能都會挑動他們敏感的神經。確認你有把標題設為粗體，且信件中的所有小標題或條列式要點都有以固定的格式呈現。經過最後的確認後，你就可以準備將這篇新聞稿傳送出去。請盡量一大早寄出，這樣你就有一整天的時間可以留意這封信的動態。假如你們的在地媒體每週只會發行一次刊物，那麼請務必在刊物發行日前的48小時將這封新聞稿寄出，如此一來，你才有機會在你的新聞稿尚未過時之際，登上下一期刊物的版面。

在你將新聞稿發送給廣播、電視或報章媒體後，就可以撥通電話關心他們對此新聞稿的看法。當你推廣運動的行動進展到了這個階段，有可能你已經有了某位支持你立場的新聞工作者聯絡電話——如果這個情況成立，請你優先致電給他們。假如你有什麼具新聞價值的事情要告訴他們，他們一定會非常感激你找上他們。若你還沒有任何新聞媒體工作者的聯絡電話也沒有關係，網路或是當地報紙的頁面上都找得到新聞採訪部的電話。撥出電話前，請你先快速演練一下要如何在電話裡行銷你的故事——記得把你的新聞稿放在面前。如果他們對你的故事感興趣，很可能會請你再傳送一次新聞稿，所以你最好坐在電腦前進行這所有的事情。

以下這個範例是綠色和平組織為塑膠瓶運動所發布的新聞稿：

具衝擊性的吸睛標題

快速概述故事

綠色和平報告揭露世界各大汽水公司的塑膠使用量

英國綠色和平組織首次對全球六大汽水品牌：可口可樂、百事可樂、三得利、達能（Danone）、胡椒博士集團（Dr Pepper Snapple）和雀巢，展開全面的塑膠使用量和相關政策調查。

節錄你想要媒體登載的引文

整個故事的要點，涵蓋值得注意的關鍵事實

把最具代表意義的新統計數據列在最前面

如果你沒有這麼多統計數據可列入新聞稿，請別擔心；這個範例只是要讓你知道，你可以怎樣呈現與你運動相關的事實

儘管塑膠瓶是造成海洋塑膠汙染的主要來源，但此項調查結果卻顯示，汽水產業在防範他們的塑膠瓶落入海洋這方面，仍欠缺積極行動。

英國綠色和平組織資深海洋運動專員路易絲・艾奇說：「這份報告的結果令人驚訝得合不攏嘴。顯然，如果我們想要保護我們的海洋，就必須終結這個拋棄式塑膠的世代。這些企業必須立刻採取積極的行動。」

重要發現：

- 在這六家受調查的企業中，有五家每年都會使用總量高達**兩百萬公噸的塑膠瓶——相當於一萬頭藍鯨的重量**。
- 最大的汽水品牌**可口可樂拒絕透露其塑膠的使用量**，所以總用量的實際數值一定會比此數值高出許多。

- 如果把這些企業所使用的相關塑膠包裝重量都計入，則其塑膠總用量甚至會來到**一年三百六十萬公噸這個驚人的數值**（此數值仍未計入可口可樂的使用量）。
- 雖然這六家企業生產的塑膠瓶可完全回收，並將處置這些塑膠瓶的責任歸在消費者的回收行為上；但實際上，**這六家企業的塑膠瓶平均只使用了六・六%的再生塑膠。**
- 在減少一次性塑膠瓶使用量方面，**所有受調查的企業都沒有對此做出任何承諾、計畫或是時間表。**
- 目前有三分之一受調查的企業**不打算提升他們在塑膠瓶裡的再生塑膠使用量**，同時**沒有任何一家企業對產製百分之百再生塑膠瓶擬定具體的時間表**。
- 受調查的六家企業中，有四家**沒考量他們塑膠瓶的設計和開發過程會對海洋造成衝擊**。

其他可以進一步彰顯你或你發言人對此運動看法的引文

- 過去十年間，汽水產業**一直減少他們使用可重複裝填瓶的數量**，轉而使用越來越多的一次性塑膠瓶。
- 有三分之二受調查的企業**反對實施「押金返還計畫」**；這套計畫已讓全世界的回收率提升至80%以上，德國的回收率更因此計畫達98%以上。

英國綠色和平組織資深海洋運動專員，路易絲·艾奇說：

「我們的生活充斥著拋棄式塑膠。每年都有一二〇〇萬公噸的塑膠落入海洋之中，它們不僅需要花好幾個世紀才能分解，也已對海洋生物造成威脅，並使大量有毒物質散布到環境中。我們知道塑膠瓶是汙染海洋的一大來源，光是在英國，每天就有一六〇〇萬公噸的塑膠瓶被傾倒至環境中。

所以全球最大的汽水企業在產出數百萬公噸拋棄式瓶罐之餘，將這些塑膠瓶對環境造成的衝擊歸咎到每位消費者身上，實在是不太可取的做法。這份報告的結果令人驚訝得合不攏嘴。顯然，如果我們想要保護我們的海洋，就必須終結這個拋棄式塑膠的世代。這些企業必須立刻採取積極的行動：逐步淘汰一次性塑膠，採納可重複使用的包裝，並確保其餘包材都是百分之百用再生原料製成。」

本文結束

敬告編者

- 欲詳閱完整報告《瓶裝危機：各大汽水公司沒有解決的海洋塑膠汙染》（*Bottling It: the failure of major soft drinks companies to address ocean plastic pollution*），請見此連結：http://www.greenpeace.org.uk/sites/files/gpuk/Bottling-IT_FINAL.pdf
- 欲了解海洋塑膠汙染的實況照片，請見此連結（歡迎轉載，但必須標註出處）：http://media.greenpeace.org/collection/27MZIFJJAYYJJ

將圖像和其他訊息以連結的方式附在新聞稿末端，不要以附加檔案的方式夾帶在電子郵件裡

聯繫資訊

- 如有需要亦可向我們索取相關影片。

欲了解更詳盡的資訊、採訪和意見內容，請聯絡：路克・梅西

能看到或聽到你提供的新聞稿內容，登上報紙版面或受廣播節目討論，是一件令人非常欣慰的事，而且運用新聞媒體這一環，說不定也會是你在推廣運動的過程中，最有成就感的一種行動。不過就算你的主題沒有登上版面，也不必因此感到灰心喪志——這是每一個人都有可能經歷的狀況，不論你所推動的運動規模有多大，新聞工作者每天都忙著從眾多信息裡，篩選出當日最重要的事情報導，也許你的新聞稿送到他們手中的那一天，剛好又發生了其他的大事，才讓它成了遺珠之憾。這就是社群媒體這麼有存在價值的原因，因為它們可以讓我們在那些有許多大新聞的日子裡，依舊有管道將我們的故事傳達給那些需要看到這些信息的人（如果你先前寄給這些新聞工作者的新聞稿沒得到任何回應，你甚至可以在推特上發個訊息給他們，讓他們知道你有寄送新聞稿給他們）。萬一你還是得不到太多回應，就可以考慮寫封信給你當地的報紙，看看有沒有機會登上他們「讀者來信」的版面——請先看看他們刊登的讀者來信內容，了解他們通常會採用哪種長度和語調的信函。想要引起報社新聞工作者的關注，撰寫這類公開信函是很棒的策略。

發起請願活動

寫信給你的目標人物，與他們會談，甚至是運用媒體吸引大家對你運動的關注，但依舊徒勞無功？那麼現在是動員更多人來支持你的運動的時候了。

發起請願活動從來不是件輕鬆的事，幸好現在有許多線上運動組織都能協助你處理這方面的事務。不論是 Change.org，Avaaz 或 38 Degrees 都有提供發起請願運動的線上工具，你只需要動動手指就可以輕易透過這些網站分享你的請願運動。現在就到這些網站，遵循他們提供的步驟，發起你的請願活動——此刻你早已知道你運動的目標和主題，所以應該可以輕而易舉地發起請願活動。

蒐集連署簽名

發起請願活動後，如果它沒有立刻吸引上千人簽名連署，你千萬不要因此灰心——這是很正常的現象。這種事情不是一蹴可幾，還必須仰賴你自身的極力推廣，好比說：將相關資訊張貼在你的社群平台上；寄送電子郵件給親朋好友，請他們簽名支持。另外，在請親友簽名連署之際，也別忘了提醒他們將這些訊息分享給他們身邊的其他朋友，如此一來，你的請願活動就有機會被更多人看見，在群眾間激起更大的波瀾。同時，看看你認識的人當中，是否有人在社群媒體上擁有龐大的線上追蹤者，然後另行詢問他們是否可以替你公開分享這項請願活動的訊息。善用在網路上擁有影響力的人替你宣傳，可以有效提升你得到的連署簽名數量。

觀察一下你發起請願活動頭兩週的情況，然後設定你要募得的連署簽名目標——兩百人是你目標值的最低門檻，此人數是你有機會在廣邀親友下達成的目標，也是足以引起絕大多數地方政商人士關注的連署人數；如果你能力所及，也可以設計幾個與你請願主題有關的告示或標語，張貼在你欲改善的塑膠汙染區域，藉此達到宣傳請願活動和防止該地汙染擴大的雙重效果。

遞交你的請願書

終於來到遞交請願書的時刻了。或許你已經募得你的目標連署人數，也或許政府即將為此議題舉行投票；不論是基於何種原因，現在你已經決定要將手中的請願書遞交出去了。在遞交出你手中的請願書前，請你想想你想要如何呈現你的請願書。譬如，你需要準備一些道具嗎？也許是用一根根的紙吸管代表每一位簽名連署者，以彰顯連署人的數量；也或許是將所有連署人的簽名印出，張貼在一大片紙板上——總之，你可以任選一些適合你遞交場合的輔助工具，讓你遞交請願書的照片可以看起來比較有張力。如果你請願的主題屬於比較正式、大型的議題，在遞交請願書的場合，你或許會跟其他連署者或是曾幫助你蒐集簽名的人一起完成這個步驟；至於在比較不正式、小規模的議題上，你則可以直接到你希望它減少塑膠使用量的咖啡廳，將你蒐集到的連署總人數告知店家的負責人。

倘若你推廣運動的行動已經進展到了這個階段，我相信你早已與你運動的目標人物有了密切的互動，也知道他們對你運動的立場為何，所以在你遞交請願書的時候，請記得知會他們一聲。事先知會他們可以讓他們親自到場，或是安排代表去接收請願書（雖然以我遞交請願書的豐富經驗來看，在對方不支持我們立場的情況下，我們大多不太可能將請願書親手交到對方手中，只能想辦法將這份請願書遞送到對方的實體信箱裡）。如果你認為你遞交請願書的場合適合媒體參與，那麼你大可在遞交請願書前，通知當地媒體這個消息，邀請他們前來採訪——尤其是先前曾經替你的運動寫過相關報導的媒體，更是一定要通知到。萬一你遞交請願書的當天，沒有媒體要到場拍攝你遞交請願書的過程，請務必自行安排幾個人側拍一些你遞交請願書的畫面，以便你後續將這個消息分享給你的連署者，並發布到你的社群平台上。

假如你之前一直沒有跟目標人物當面會談過，在你遞交出請願書的那一刻，很可能會立刻獲得與他們面對面討論的機會。如果沒有，那麼此刻就是你將行動再往上提升一個層級的時候了。

組織抗議活動

說到抗議，你腦中很可能會自然浮現一群人義憤填膺、手舉抗議標語的畫面——他們甚至還可能全都穿著六〇年代的復古誇張服裝。這類抗議活動確實有其意義，並有助大幅推動某些議題，然而我接下來要說的，並不屬於這類激進的抗議活動——相較我等等要在本書介紹的抗議活動形式，激進式抗議活動的強度又更為強烈（如果你有興趣組織這種大規模的抗議活動，可以自行找到許多組織這類抗議活動的理論，以及在實際執行上需要注意到的各個面向）。

言歸正傳，我在這裡要跟大家談的組織抗議活動，其實指的是要你組織一個智囊團，讓你們有機會與你運動的目標人物直接溝通。也就是說，你們可以集結眾人之力，想辦法吸引他們的注意力，讓他們有意願坐下來好好聆聽你們的請求。雖然執行這類抗議活動的細節並非三言兩語就可以交代清楚，但為了讓你順利組織、策畫出這類相對溫和的抗議活動，我還是在此為你列出了五大點執行這類抗議活動的方向：

❶**公開抨擊對方的醜事**：要大眾開始關注你的運動，並迫使你運動的目標人物開始採取行動，最簡單的方法就是公開抨擊他們的所作所為。如果你的運動是試圖說服他們揚棄塑膠吸管，那麼請鼓勵每一位為你的請願簽名連署的民眾，在每次看到散落在街道或酒吧地板上的吸管時，隨手拍下它們。然後將這些照片上傳到社群媒體上，同時標註該家企業的社群媒體帳號，詢問他們為何依舊不對此採取行動。沒有一個企業或是政治人物想要跟這些負面的影像有所瓜葛，而此舉可以快速讓他們了解，他們就是造成這個問題的一份子，同時你也給了他們一個機會，讓他們成為解決這個問題的一份子。

❷**工藝行動主義**（craftivism）：請你的朋友和為你請願活動簽名連署的民眾，跟你一起做一些東西寄給你運動的目標人物。任何東西都可以，你們可以一人摺一些紙魚，或是把你們在海邊蒐集到的塑膠裝滿玻璃罐，然後各自將這些東西寄到對方的手中。這是一個很棒的抗議手段，雖然你們是透過這些貌似美麗的小飾品表達不滿，但一次收到上百個這樣背後具有特殊意涵的小

物，還是會讓對方倍感壓力，進而盡速針對你的請求採取行動。

❸ **號召網軍：**號召為你請願活動簽名的連署者，在推特上向企業負責人或地方議員發送訊息。設計一些固定的推文格式，供有心參與者使用；或是引導民眾到他們的臉書頁面留言，要求他們立刻展開行動。在社群媒體上發布一些立意明確的貼文，可以令對方真實感受到群眾施加的壓力。你甚至還可以進一步號召你運動的支持者，同時打入對方的客服電話，用滿滿的怨言淹沒他們。

❹ **將商品的塑膠包裝留在收銀台：**許多過度包裝商品的企業，都沒有將我們對此不滿的意見聽進耳裡。因此，如果我們想要讓他們聽見我們的聲音，就需要將我們的不滿化為行動，好比說，結帳時將你商品的塑膠包裝留在收銀台。你不應該為他們生產的大量塑膠廢棄物負責，所以下一次你不想再把這些商品不必要的包裝全帶回家時，請小心地將商品的包裝拆下，然後客氣地

將這些包裝留在你消費的商家裡。如果收銀員因你的舉動而感到苦惱，請務必向他們表示歉意——因為這也不是他們的錯。

❺ **將過度包裝的產品寄回該公司**：如果你臉皮比較薄，無法做到直接將商品的包裝留在收銀台（別擔心，許多人都這樣），那麼就請你將包裝寄回該商品的製造商。換句話說，下一次亞馬遜或是你網購的超市用大量的塑膠包材包裝你買的商品，就請你將這些包裝裝箱、寄回。另外，假如你意外發現家裡有含有塑膠微珠的產品，或是你不想使用的塑膠軸棉花棒，你也可以將它們寄回原公司，並在包裹裡留張便條，告訴他們你為什麼會將它們寄回，還有你希望了解他們回收這些產品的細節。

從投書到抗議，你的運動是一個創造機會的行動，能讓你生活圈的民眾有機會共同改變你們的生活環境。這應該是一個充滿樂趣的過程——大部分從事運動的人都對自己所做的事樂此不疲，因為從事這類運動的積極性和組織性會令人正能量滿滿。當然，在事情無法如你所願進行時，這也會是一個令人乏力、沮喪的工作，所以切記，凡事都要量力而為、從小地方做起。剛開始，請先設立你可以達成的運動目標，然後再隨著運動的進展慢慢將目標擴大。譬如，你可以先從一間咖啡廳或餐廳做起，再逐步將減塑的理念向外推廣到你的整個生活圈；或是先說服某家企業不再於員工餐廳供應塑膠餐具，然後再要求當地議會立法禁用所有的塑膠餐具。

運動沒有什麼絕對的學問——它是一門「做中學，學中做」的藝術。一旦你在實作中獲取經驗，摸索出說服不同民眾、企業和政治人物的最佳方式，那麼你自然而然就會發展出一套有助你成功推行運動的策略。還有別忘了，每當你的運動有所突破時，都一定要花點時間來慶賀。與塑膠分手的運動是條漫漫長路，而這漫漫長路上贏得的每場勝利都值得慶賀；此外，在這段長期抗戰中，適時花點時間回顧你與其他推行運動人士改變的成果，亦是一件必要且重要的事情。

運動沒有什麼絕對的學問——它是一門「做中學，學中做」的藝術。

12
未來的路會怎麼走下去？

「與塑膠和平分手」是當初我為這本書設立的願景。塑膠儼然已成為我們這個世代的代表性材料，生活中隨處可見它的蹤跡，如何將這個深植我們日常生活的素材平和抽離，正是我想透過這本指南傳達的核心價值。然而，我們究竟要怎樣才能徹底與塑膠分手呢？答案就是「團結合作」。儘管在這場反塑膠運動中，我們每一個人的行動都很重要，也都可以各自為此盡一份心力，但唯有在我們團結合作的時候，我們的努力才有可能讓這一切全然不同。就如今日世界正面對的所有威脅一般——其中某些威脅對整個環境的迫害程度甚至比塑膠還要駭人——在我們萬分焦慮之際，奢望解決問題的對策會自動從一團混亂中蹦出來，是不可能的事。我們能否與塑膠成功分手，全仰賴我們能否團結一致、立刻號召大家一起展開積極的行動——不僅僅是在我們自己的生活中落實減塑，更要敦促企業和我們的政府代表對減塑採取實際的作為。

與塑膠分手的路不會只有一條，且每條路徑也會因各個國家和社區有所不同，但不論我們走的是哪一條路，心中都要有一個念頭，那就是：我們需要停止大量製造塑膠製品。我們的拋棄式文化已經發展過頭了，而那些散布在海灘上的塑膠袋，正是迫使我們醒悟的證據；過去我們從未想過它們被丟入垃圾桶後，最終會落入何方，此刻我們當然不能再放任這個情景繼續發展下去，讓我們的生活被這些只使用過一次，就會被丟進垃圾桶的塑膠製品占據。散落在我們街頭巷尾的塑膠垃圾提醒我們，是時候該擺脫這種一味追求低價的產銷經濟模式了，因為這套產銷模式絲毫沒有考量到我們使用這類商品，長期下來會對環境造成多大的成本。《減塑生活》不僅僅是一本告訴你如何擺脫你家不必要塑膠廢棄物的指南，更是一本告訴你如何親身參與這場反塑膠運動的寶典。隨著這項運動在全球日益壯大，終有一日塑膠定會成為過去式，永遠封存在那個我們對環境還不夠關心的世界裡。

沒錯，塑膠汙染的魔爪已經觸及了世界最遙遠的角落，並出現在以前從未與人類接觸過的海洋生物的胃中。然而，令人擔憂的是，目前塑料的產量仍在持續增長中，更沒有任何一家大型跨國企業為減塑提出具體的可行計畫。我聽到某些地質學家將出現在岩層中的塑料視為新地質時代的象徵物時，感到非常震驚；他們將該地質時代稱為「人類世」（Anthropocene），是一個可以明顯看見人類生活痕跡的世代。除此之外，大家對這個議題的醒悟也讓全球各地紛紛湧現一股力量，許多人都開始對我說的那些拋棄式文化生活方式深表不滿，認為長期使用這類產品對我們一點好處都沒有，只會為整個環境帶來動盪。不論是對散落在你心愛海灘潮間帶上的塑膠碎片感到心煩，或是對 Youtube 影片裡從塑膠束縛脫困的動物感到心疼，抑或是對這些塑料對人體健康的影響感到心焦——它們一定都是促使你閱讀這本書的原因之一，因為你知道，若繼續對此毫無作為，要付出的代價太大了。

就跟許多環境問題一樣，塑膠汙染的規模和蔓延的速度一不小心就會相當驚人，令人無力招架。粉飾太平是沒有任何意義的。如果我們只是一味低估這個問題的嚴重性，自欺欺人地催眠自己這個問題沒什麼大不了，那麼我們就只會採取與這個問題規模完全不相稱的行動來解決問題。因此，與其鴕鳥心態地對這個問題避而不談，我們更應該誠實面對這個艱鉅的任務，並開始動員我們在生活和生活圈中的廣大力量，一起設法解決它。藉由正視我們生活環境的真實面，我們才能勇敢地邁向未來；相信在全球數百萬人的齊心努力下，我們必能對此議題發揮一定程度的影響力。同樣地，我們也不應該把塑料說得一無是處。事實擺在眼前，它確實是個非常優秀的素材，而且一直以來我們也都受惠於它的優點。光是它便宜又衛生的特性，就已經改善了數百萬人的生活品質。我們不得不承認，使用一次性塑膠製品對我們帶來的後遺症，就如同我們在派對上喝下的最後一杯酒——喝的當下心情愉悅，但最後卻會帶來非常糟糕的後果。

與塑膠分手的路不會只有一條，且每條路徑也會因各個國家和社區有所不同，但不論我們走的是哪一條路，心中都要有一個念頭，那就是：我們需要停止大量製造塑膠製品。

隨著越來越多新研究揭露塑膠對環境的衝擊，我們也越來越了解這個在我們生活中無所不在的素材，正如何形塑我們賴以維生的環境。未來幾年，科學家也會朝更多面向研究塑膠汙染，讓我們更了解它是否正傷害人體的健康，還有它對海洋造成了多大程度的傷害。一旦我們明白塑膠正如何影響人體和我們生活的世界，我相信大家為了我們的健康、我們的環境，以及我們的下一代，一定會想要與塑膠分手。拜科技之賜，現在我們組織和溝通的能力已經比過往發達多了，這一點也讓我們在重塑社會樣貌的過程中，能夠發揮比以往更強的力量。這本書不只是教你如何與塑膠分手，同時還告訴你該如何運用自己市民、選民、消費者和社區成員的身分和力量，推動整個社會的改變。在推動反塑膠運動這條路上不需要什麼複雜或極端的作為、常識和為何你如此在意這個議題的真實故事，就足以讓你在這條漫漫長路上，幫助其他人理解為什麼我們需要與塑膠分手。

在你開始踏上這段旅途，改變你的居家習慣，推動減塑運動，並給你的朋友、家人和同事一些減塑建議的時候，請謹記以下五大原則：

- 盡可能**拒用**塑膠製品——在外食時，對一次性塑膠製品說「不」已是一個非常稀鬆平常的舉動。
- **減少**居家和辦公處的塑膠用量——改用材質比較耐用的用品，並想辦法找出你可以避免選購塑膠製品的地方。
- **重複使用**——隨身攜帶可重複使用的減塑必需品，如水瓶和咖啡杯。
- **回收**——永遠要用負責任的態度處理你家中的塑膠廢棄物，並盡可能回收利用它們。

除了以上四大原則，我覺得在這段反塑旅程中，最重要的原則還是非下面這項莫屬：

- **勇於發聲**。讓你的朋友知道，讓你去的商家知道，讓你的同事和你當地的報紙知道。這場與塑膠分手的運動需要超過數百萬人的支持——而你正是建構這百萬大軍的重要一員。

塑膠不是一夜之間就會消失的東西，如果我們沒挺身奮戰的話，它們更是絕對不可能從我們的生活中退場。這場與塑膠分手的運動需要投入龐大的心力，動員全球數百萬人共襄盛舉；這些人就跟你一樣關心環境，想要讓下一代繼續享受我們眼前這片美麗的海洋。這是一場攸關數十億人行動的運動，只要是生活在這座藍色星球上的每一個地球人，都可以感受到它在整個地球村引發的陣陣漣漪。乍看之下，與塑膠分手或許有點像是不可能的任務，但如果要我說過去這三年的歷程告訴了我們什麼，我會說：「我們的世界正以前所未見的速度轉變，而過去那些看似遙不可及的目標，現在都已在我們的掌握之中。」曾經，反轉這副景象貌似希望渺茫，但這場與塑膠分手的運動，將來自不同背景和文化的人都串連了起來；現在眾人已著手描繪出共同的社會願景，並打算同心協力為我們的後代子孫打造一個更美好的世界。

我們能否與塑膠成功分手，全仰賴我們能否團結一致、立刻號召大家一起展開積極的行動。

ACKNOWLEDGEMENTS

致謝

大家大概都曉得，一本書的誕生絕非一己之力可達成，這當中還必須借助許多人的專業知識、鼓勵和想法——由於人數實在太多，所以我無法在此一一列出他們的姓名。我很感謝你們大家為這本書增添的光彩，假如本書的內容有任何失誤或錯誤，或是我的致謝不小心遺漏了任何人，皆由我概括承受，並表示歉意。

特別感謝綠色和平組織的絕佳團隊，為了創造一個更美好的世界，每天都不屈不撓地推動運動；以及全球其他大力支持這類運動的夥伴，謝謝你們每天都用幽默、堅毅和義憤填膺的態度，面對這些環境所面臨的挑戰。另外，我還要特別感謝花時間提供我意見，協助我完成這本書的人：路易絲・艾奇（Louise Edge）、路克・梅西（Luke Massey）、威利・麥肯齊（Willie Mackenzie）、蒂薩・瑪菲拉

（Tiza Mafira）、阿里夫許雅・納蘇遜（Arifsyah Nasution）、阿芙・沙哈（Afroz Shah）、凱瑟琳・葛梅爾（Catherine Gemmell）、艾米・米克（Amy Meek）、艾拉・米克（Ella Meek）、提姆・米克（Tim Meek）、瑞秋・麥卡拉姆（Rachel McCallum）、約翰・史丹尼佛夫（John Staniforth）、艾莉絲・蘿絲（Alice Ross）、安格斯・麥卡拉姆（Angus McCallum）、吉米・辛克儀克（Jamie Szymkowiak）、班・史都華（Ben Stewart）、艾蜜莉・羅伯森（Emily Robertson，還有整個企鵝出版集團的生活書系團隊〔Penguin Life〕）、艾莉絲・亨特（Alice Hunter）、格蘭特・奧克斯（Grant Oakes）、小宋（Sonny），以及「擺脫塑縛」（Break Free From Plastic）這項運動的成員。謝謝那些同樣走在這條反塑之路上的人：亞歷山德拉・塞奇威克（Alexandra Sedgwick）、馬塞拉・特蘭（Marcela Teran）、阿麗亞娜・登沙姆（Ariana Densham）、媞夏・布朗（Tisha Brown）、伊琳娜・波利桑諾（Elena Polisano）、露易莎・卡森（Louisa Casson）、道格・帕爾（Doug Parr）、約翰・梭文（John Sauven）、艾瑪・吉布森（Emma Gibson）、派特・凡帝堤（Pat Venditti）、達米安・卡亞（Damian Kahya）、狄恩・布蘭特（Dean Plant）、伊莉

莎白・懷特布瑞德（Elisabeth Whitebread）、蘿西・羅格斯（Rosie Rogers）、保羅・金利賽德（Paul Keenlyside）、瑞貝卡・紐森（Rebecca Newsom）、費歐娜・尼高斯（Fiona Nicholls）、法蘭克・休伊森（Frank Hewetson）、芮秋・美利（Rachel Murray）、愛爾莎・李（Elsa Lee）、凱倫・羅斯威爾（Karen Rothwell）、山姆・哈汀（Sam Harding）以及「保護英國鄉村運動」（Campaign to Protect Rural England）、倫敦動物學會（Zoological Society of London）的菲歐娜・盧埃林（Fiona Llewellyn）、「你瓶安歸了嗎？」（Have You Got The Bottle?）、海洋保育協會（Marine Conservation Society）、「女力遠征隊」（eXXpedition）、「城市到海」（City to Sea）、環境調查機構（Environmental Investigation Agency）、國際野生動植物保育組織（Fauna&FloraInternational）、「擺脫塑縛」（Break Free From Plastic）等組織和機構的鼎力相助；還要謝謝卡夏・尼都柴克（Kasia Nieduzak）、德博拉・麥克萊恩（Deborah McLean）、塞巴斯蒂安・欣尼（Sebastian Seeney）、保羅・莫羅佐（Paul Morozzo）、托利・瑞德（Tory Read）、梅妮莎・希恩（Melissa Shinn）、格雷厄姆・福布斯（Graham Forbes）、約翰・豪斯瓦（John

Hocevar）、寶拉・泰宏・卡爾貝洪（Paula Tejon Carbajal）、凱特・梅爾格斯（Kate Melges）、珊卓・胥特納（Sandra Schoettner）、曼福雷德・桑藤（Manfred Santen）、克里斯汀・巴薩（Christian Bussau）、大衛・桑堤羅（David Santillo）、保羅・約翰斯頓（Paul Johnston）、梅麗莎・王（Melissa Wang）、愛利諾・史密斯（Eleanor Smith）、布洛肯・史波克（Broken Spoke）等人。

感謝我的朋友和家人，他們的支持讓一切變得更容易，也謝謝喬讓一切都變得更有趣。

A NOTE ON THE USE OF PLASTIC IN THIS BOOK

本書的塑膠使用量說明

企鵝蘭登書屋（Penguin Random House）在製作本書時，已竭盡所能地減少全書的塑膠使用量。舉例來說，你或許有注意到這本書的封面沒有壓膜。但，儘管我們費盡心力，卻還是無法找到一款既不含塑料，又能牢牢黏合書頁的封膠（這一點也反映出，目前我們的社會有多麼依賴塑料）。我們由衷希望可以藉由這類書籍，觸發大家進一步去思考這個重要的議題，並了解我們的行為會對地球產生多麼大的影響。

#BREAKFREEFROMPLASTIC

#擺脫塑縛

「#擺脫塑縛」是一項全球性的運動，打造一個無塑膠汙染的未來，即為這項運動的展望。自二〇一六年九月發起這項運動以來，全世界已有超過一〇六〇個團體加入這項運動，齊聲要求大幅降低一次性塑膠製品的使用量，並驅策各方針對塑膠汙染危機，擬定長久的解決方案。這些組織對環境保護和社會正義的價值觀相同，而這份共同的價值觀正是引領他們在各個生活圈發起行動，矢志將這個理念推廣至全球的根本。歡迎到 www.breakfreefromplastic.org 成為這項運動的一員。

GREENPEACE

綠色和平組織

綠色和平是一個全球性的環保組織，我們組織的核心目標就是創造一個綠色且和平的世界——也就是一個生態健康、能夠培養其多樣性物種的地球。為了捍衛我們的自然生態以及增進社會和平，我們透過調查和揭露等行動來對抗迫害環境的力量，並提供我們脆弱的環境符合社會正義的環境保護方案。如果你認同我們的理念，想知道如何參與我們的運動，歡迎造訪我們的網頁 www.greenpeace.org 了解詳情。

人文

減塑生活——與塑膠和平分手，為海洋生物找回無塑藍海

How to Give Up Plastic?

作　　者—威爾．麥卡拉姆 Will McCallum
譯　　者—王念慈
發 行 人—王春申
總 編 輯—李進文
主　　編—邱靖絨
校　　對—楊蕙苓
封面設計—謝佳穎
內頁設計—菩薩蠻電腦科技有限公司
業務組長—陳召祐
行銷組長—張傑凱
出版發行—臺灣商務印書館股份有限公司
23141 新北市新店區民權路 108-3 號 5 樓（同門市地址）
電話：(02)8667-3712　傳真：(02)8667-3709
讀者服務專線：0800056196
郵撥：0000165-1
E-mail：ecptw@cptw.com.tw
網路書店網址：www.cptw.com.tw
Facebook：facebook.com.tw/ecptw

How to Give Up Plastic?
Original English language edition first published by Penguin Books Ltd, London

局版北市業字第 993 號
初版一刷：2019 年 9 月
印刷：禹利電子分色有限公司
定價：新台幣 350 元

內頁圖片 © julymilks | shutterstock.com
© Natalie Pepper | shutterstock.com
封面圖片 © Natalie Pepper | shutterstock.com

法律顧問—何一芃律師事務所

國家圖書館出版品預行編目(CIP)資料

減塑生活：與塑膠和平分手,為海洋生物找回無塑藍海／威爾.麥卡拉姆(Will McCallum)著；王念慈譯. -- 初版. -- 新北市：臺灣商務, 2019.09

面； 公分. -- (人文)

譯自：How to give up plastic : a guide to changing the world, one plastic bottle at a time

ISBN 978-957-05-3229-6(平裝)

1.環境保護 2.塑膠 3.環境汙染

445.99 108013220